全国普通高等院校"十三五"精品规划教材

Access 数据库实用技术

主　编　曾建成

副主编（以汉语拼音为序）

董彤珍　冯　鑫　刘馨阳　宋天华　赵雪娟

哈尔滨工程大学出版社

Harbin Engineering University Press

内容简介

数据库技术的发展要求当代大学生必须具备组织、利用和规划信息资源的意识和能力。本书以 Access 2010 为基础，详细介绍了数据库基础知识、Access 数据库基本操作以及各种数据库对象的创建和应用；还介绍了 SharePoint 的应用、Access 2010 数据库的安全与管理。

本书以案例贯穿全书，图文并茂，语言流畅，每章配有大量的习题供读者复习参考，特别适合作为大专院校相关专业的教材，也可供各类培训班和数据库管理维护人员使用。

图书在版编目（CIP）数据

Access 数据库实用技术 / 曾建成主编. —— 哈尔滨 ：哈尔滨工程大学出版社，2019.7（2023.8 重印）
ISBN 978-7-5661-2392-3

Ⅰ. ①A… Ⅱ. ①曾… Ⅲ. ①关系数据库系统 Ⅳ. ①TP311.138

中国版本图书馆 CIP 数据核字（2019）第 163892 号

责任编辑	王俊一
封面设计	赵俊红

出版发行	哈尔滨工程大学出版社
社　　址	哈尔滨市南岗区南通大街 145 号
邮政编码	150001
发行电话	0451-82519328
传　　真	0451-82519699
经　　销	新华书店
印　　刷	玖龙（天津）印刷有限公司
开　　本	787 mm×1 092 mm　　1/16
印　　张	17
字　　数	435 千字
版　　次	2019 年 7 月第 1 版
印　　次	2023 年 8 月第 2 次印刷
定　　价	48.00 元

http：//www.hrbeupress.com
E-mail：heupress@hrbeu.edu.cn

前 言

数据库技术自 20 世纪 60 年代中期产生以来，无论是理论还是应用都相当成熟，已成为计算机领域中发展最快的学科分支之一，也是应用很广、实用性很强的一门技术。随着计算机技术的飞速发展及其应用领域的不断扩大，特别是计算机网络和 Internet 技术的发展，数据库应用系统得到了突飞猛进的发展。目前，许多技术，特别是信息管理系统、电子商务与电子政务、大中型网站、客户关系管理、数据仓库和数据挖掘等技术都是以数据库技术作为重要的支撑，可以说，只要有计算机存在，就有数据库技术存在。

数据库技术的发展要求当代大学生必须具备组织、利用和规划信息资源的意识和能力。随着高校应用型转型的飞速发展，产教融合的进一步深化，作为高等学校的一门重要的计算机基础课程，"数据库应用技术"要突出实践环节、强化应用能力。本教材在编写过程中，充分考虑了其实用性，学生通过学习该课程，能够准确地理解数据库的基本概念以及数据库在各领域中的应用，具备利用数据库工具开发数据库应用系统的基本技能，为今后运用数据库技术管理信息打好基础。

本书以 Access 2010 作为操作环境介绍数据库的基本操作和应用开发技术。本书的主要内容有数据库基础、数据库的创建与操作、表的创建与使用、查询的创建与使用、窗体的创建与使用、报表的创建与应用、宏的建立与使用、ACCESS 的编程工具 VBA、SharePoint 网站以及数据的安全与管理等。本书以"教学管理"数据库的操作为主线，设计编排了大量的实例，便于读者学习和提高。

本书由宁夏大学的曾建成教授担任主编，负责设计纲要，撰写基础部分，负责统稿并最终审定全稿。由银川职业技术学院的董彤珍副教授，宁夏华鑫悦达科技有限公司的高级工程师冯鑫、宁夏大学新华学院的刘馨阳、宋天华和赵雪娟担任副主编，各自承担了部分编写工作。本书在编写过程中，得到了宁夏大学新华学院的大力支持与帮助，在此表示诚挚的感谢。本书相关资料和售后服务可扫封底二维码或登录 www.bjzzwh.com 下载获得。

本书可作为应用型本科、职业院校相关专业的教材，也可供培训班和数据库管理维护者使用。

由于水平有限，书中难免有所疏漏，敬请广大读者批评指正。

编　者
2019年7月

目　录

第 1 章　数据库基础

本章导读

数据库技术产生于 20 世纪 60 年代，是数据管理的最新技术，是计算机科学的重要分支。近半个世纪以来，正是由于数据库技术的出现，极大地促进了计算机应用向各行各业的渗透，成为应用最为广泛的领域之一。

本章将从数据管理的发展过程简要地阐明什么是数据库以及为什么要发展数据库技术；概括地介绍数据库涉及的基本概念，包括数据模型、数据库系统的体系结构、数据库管理系统的主要功能和组成部分等，作为后面各章学习的基础。

本章知识点

➤ 数据、数据库、数据库管理系统、数据库系统的基本概念
➤ 层次模型、网状模型和关系模型的概念
➤ 实体模型的类型及概念
➤ 关系模型的基本运算

重点与难点 ◎

➲ 数据库管理系统，数据模型
➲ 关系模型、主关键字
➲ 关系运算

1.1　数据库基本知识

1.1.1　有关数据库的基本概念

以下介绍与数据库技术密切相关的 4 个概念，它们是数据、数据库、数据库管理系统和数据库系统。

1．数据（Data）

数据是存储在某种存储介质上的可以被识别的物理符合的集合，能够反映客观特性。日常生活中人们用自然语言描述事物，在计算机中，为了存储和处理这些事物，就要抽

出对这些事物感兴趣的特征组成一个记录来描述,这些描述符号被人们赋予特定的语义,所以它们就具有了刻画事物、传递信息的功能。

数据处理领域中的数据概念比科学技术中的数据概念要广,它不仅包含数字符号(数值型数据),更可包含文字、图像和其他特殊符号(非数值型)。

数据与信息是不可分的。信息是以数据为载体对客观现实中的事物、事件和概念的抽象反映。信息是数据的内涵,是数据的语义解释。对于一条记录,了解其语义的人即可得到相应的信息,而不了解语义的则无法理解其中含义。例如,在高校中可用"1、2、3、4"(或 A、B、C、D)代表职称信息(教授、副教授、讲师、助教),也可代表不同年级的学生信息。可见,数据的形式本身并不能完全表达其内容,需经过语义解释。

2. 数据库(Data Base,DB)

数据库是长期存储在计算机内、有组织的、可共享的数据集合。数据库中的数据按一定的数据模型组织、描述和存储,具有较小的冗余度、较高的数据独立性和易扩充性,并为各种用户所共享。

3. 数据库管理系统(Data Base Management System,DBMS)

用户收集抽取出所需的大量数据后,由软件系统 DBMS 来科学组织和存储于数据库中,并进行统一管理。DBMS 是位于用户与操作系统之间的一层数据管理软件。数据库在建立、运用和维护时由 DBMS 进行统一管理和控制,使用户方便地定义和操纵数据,保护数据的安全性、完整性、多用户对数据的并发使用以及发生故障后的系统恢复。

4. 数据库系统(Data Base System,DBS)

数据库系统是指在计算机系统中引入数据库后的系统构成,一般由数据库、数据库管理系统、应用系统、数据库管理员(Database Administrator,DBA)和一般用户构成。

数据库的建立、使用和维护仅靠一个 DBMS 远远不够,还需有专业人员,即 DBA。DBA 负责为存取数据库的用户授权,协调监督用户对数据库和 DBMS 的使用,也负责系统安全性保护和系统性能的监督和改善。大多数情况下,DBA 即为数据库的设计者。

数据库系统的组成如图 1-1 所示。

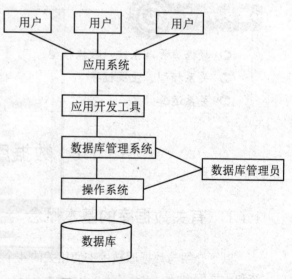

图 1-1   数据库系统的组成

1.1.2 数据库设计简介

数据库设计是信息处理的基础,也是信息系统建设的重要组成部分。数据库设计是指对于一个给定的应用环境，构造最合适的数据库模式，建立数据库及其应用系统，使之能够有效地存储数据，满足不同用户的应用需求。数据库设计通常包括以下 6 个阶段。

1．需求分析

需求分析就是分析用户的要求，以便明确应用领域中信息处理的对象以及信息处理的目的和结果。需求分析通过对实际应用的背景、业务的详细调查和与用户之间的沟通交流，收集用户对系统的功能需求、性能需求和数据需求，形成需求分析说明书。

2．概念结构分析

将需求分析得到的用户需求抽象为信息结构，即概念模型的过程就是数据库概念结构设计，它是整个数据库设计的关键。常用的概念模型是实体联系图（E-R 图）。

3．逻辑结构设计

数据库逻辑结构设计的主要任务是在概念设计所获得的 E-R 图的基础上，利用一些转化原则转化为一系列关系模式，然后利用关系规范化理论对关系模式进行优化，得到优良的数据库设计。

（1）E-R 图向关系模式的转换。从概念模型向关系模型转化的基本原则如下。

①实体的转换。E-R 图中每一个实体转换为一个单独的关系模式，实体的属性就是关系模式的属性，实体的关键字就是关系模式的主键。

②联系的转换。E-R 图中的联系原则上可以转换为单独的关系模式，也可以根据联系类型的不同和相关的实体对应的关系模式合并。其中，一对一的联系可以将任何"一"端关系模式的主键加入到另外一个"一"端作为外键即可；一对多的联系只需将"一"端关系模式的主键加入到"多"端作为外键即可；多对多的实体联系只能转化为一个单独的关系模式，其属性由两端的主键和联系本身的属性组成，主键是两端的主键共同组成。

（2）关系模型规范化。关系模式的规范化理论包括一系列范式（Normal Form，NF），对大部分数据库设计来说，一般规范到 3NF 就可以了。关系模式规范化的目的是减少数据冗余，避免插入异常、修改异常和删除异常。

①第一范式。对于一个关系来说，每一个属性都是不可再分的数据项。

②第二范式。关系在满足 1NF 准则的前提下，所有非主属性都完全函数依赖于任一候选关键字。第二范式主要是用于有组合关键字的表，主键是单属性且满足 1NF 的表一定是 2NF 的表。

③第三范式。在符合 2NF 前提下，其所有非主属性间都不存在函数依赖关系。

4．物理结构设计

数据库在物理设备上的存储结构和存取方法称为数据库的物理结构，它依赖于给定的 DBMS。

5．数据库实施

数据库实施包括数据设计的实施和处理设计的实施。其中，数据设计的实施是指将已经设计好的数据库结构在指定的 DBMS 中实现，即数据载入，包括创建数据库、表结构、加载测试数据；处理设计的实施是指应用程序的编码和调试。

6. 数据库的运行和维护

在数据库运行期间，由数据库管理员（DBA）来维护数据库的经常性工作。

1.2 数据模型

数据模型是对现实世界中事物与事物之间联系的结构模式的抽象和表示。它将数据库中的数据按照某种结构组织起来，以反映事物本身及其之间的联系。

任何一个数据库管理系统都必然以某种数据模型为基础。为了把现实世界中某种具体事物抽象和组织为某一 DBMS 支持的数据模型，首先将现实世界的事物及联系抽象成信息世界的概念模型（即 E-R 图），然后再抽象成计算机世界的数据模型。

设计数据模型时，应满足三方面的要求：一是能真实地模拟现实世界；二是易于理解；三是便于在计算机上实现。目前已有很多数据模型。

1.2.1 实体联系模型

实体联系模型（E-R 模型）是直接将现实世界的客观对象抽象出实体类型和实体之间的联系，用实体联系图（E-R 图）描述。E-R 模型是数据库设计者与用户之间交流的语言，它能准确表达应用中的语义，便于用户的理解，同时，不依赖于具体的计算机系统，只有将 E-R 模型转换成计算机上某一 DBMS 支持的数据模型后才能在计算机上运行。

1. 实体联系模型的基本概念

（1）实体（entity）。客观存在并可以相互区别的事物叫实体。实体可以是人、事、物，可以是事物本身或事物间的联系。如一名学生、一门课程或者教师授课等。

（2）属性（attribute）。实体有许多特征，某个特征被称为属性，一个实体可以由多个属性来进行刻画。如学号、姓名、性别、出生日期等都能作为属性来刻画学生实体。

（3）码（key）。又叫作"键"，能唯一标识实体的属性（集）叫"码"。如学号是学生的码，在无姓名相同者时，姓名也可以是码。

（4）域（domain）。属性的取值范围称为该属性的域。如性别的取值范围是"男"或者"女"。

（5）实体型（entity type）。有相同属性的实体必有共同的特性。用实体名及其属性集合来抽象和刻画同类实体，即为实体型。如学生（学号，姓名，性别，出生日期，…）。

（6）实体集（entity set）。同型实体的集合为实体集。如全体学生是一个实体集。

（7）联系（relationship）。现实世界中，事物是相互联系的，这种联系必然要在信息世界中有所反映，即实体并非孤立静止存在。实体的联系有两类：一是实体内部的联系，反映在数据上是同一记录内部各字段之间的联系；另一类是实体间的联系，反映在数据上就是记录间的联系。

实体间的联系可分为以下 3 类：一对一联系、一对多联系和多对多联系。

①一对一联系（1∶1）。若对于实体集 A 中的每一个实体，实体集 B 中至多（可以

没有）有一个实体与之联系，反之亦然，则称 A 与 B 具有一对一联系。记为 1∶1。

例如，飞机的座位与乘客之间是一对一联系。

> ▶ 注意
>
> 1∶1 联系不是一一对应。

②一对多联系（1∶*n*）。若对于实体集 A 中的每一个实体，实体集 B 中有 *n* 个实体（*n*>0）与之联系。反之，对于集 B 中的每个实体，A 中至多有一个实体与之联系，则称 A 与 B 有一对多联系。记为 1∶*n*。

例如，一个老师教若干学生为一对多联系。

③多对多联系（*m*∶*n*）。若对于实体集 A 中的每个实体，实体集 B 中有 *n* 个实体（*n*>0）与之联系；反之，对于 B 中每一实体，A 中也有 m 个实体（*m*>0）与之联系，则称 A 与 B 有多对多关系。记为 *m*∶*n*。

例如，学生与课程之间为多对多联系。

三类联系之间的关系：1∶1 是 1∶*n* 的特例，1∶*n* 是 *m*∶*n* 的特例。

实体型之间的 1∶1，1∶*n*，*m*∶*n* 联系不仅存在于两个实体型之间，也存在于多个实体型之间。如工厂和用户及产品之间的联系。

2. 实体联系模型的表示方法

实体联系模型的表示方法很多，其中比较常用的是 Peter Chen 提出的实体-联系模型（Entity-Relationship Approach），简称 E-R 模型。

E-R 图所使用的基本符号有以下几个。

（1）实体型：用矩形表示，矩形框内写明实体名。

（2）属性：用椭圆形表示，并用无向边将其与相应实体连接。

（3）联系：用菱形表示，框内写联系名用无向边与有关实体相连，并标明联系类型。

> ▶ 注意
>
> 联系本身也属于实体型，也可以有属性。

下面举一个实例，如"教学管理"中涉及的实体有以下几个。

（1）学生：有学号、姓名、性别等属性。

（2）课程：有课程号、课程名、学分等属性。

（3）教师：有教师编号、教师名称、职称等属性。

（4）成绩：有学号、课程号、成绩等属性。

实体之间的联系如下。

（1）一个教师可以讲授多门课程，所以教师和课程之间是一对多的关系。

（2）一门课程可以被多个学生所选修，一个学生可以选修多门课程，所以课程和学生之间是多对多联系。图 1-2 为用于教学管理的 E-R 图。

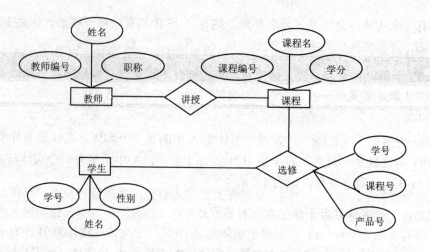

图 1-2　教学管理 E-R 图

E-R 模型只能描述实体和实体之间的联系，不能进一步说明具体的数据结构，要在计算机上运行，必须将 E-R 模型转换成能在计算机上实现的数据模型。

1.2.2　常用的数据模型

目前，常用的数据模型有以下 4 种。

1. 层次模型

层次模型是数据库系统中最早采用的数据模型，它用树型结构来表示实体及实体之间的联系。在该模型中，每个结点表示一个记录类型，除根结点外，其他结点有且只有一个父结点。从层次模型的描述中可以看出，父结点和子结点之间是一对多的联系，基于层次模型的数据库系统就只能处理一对多的实体联系，不能直接表达多对多联系的复杂结构。图 1-3 所示是一个层次模型示例。

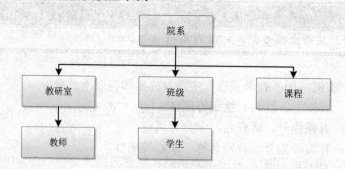

图 1-3　层次模型示例

2. 网状模型

网状模型用网状结构来表示实体及实体之间的联系，可以克服层次模型不能直接表示非树型结构的弊病。在此模型中，允许一个以上的结点无父结点，每个结点可有多于一个的父结点，此外它还允许结点之间具有多种联系。网状模型能直接描述现实世界，具有良好的性能，但由于连接一个结点的路径不止一条，因而在查询操作中程序员必须选择最优路径以提高运行效率，这对程序人员提出了更高的要求。图 1-4 所示是一个网状模型示例。

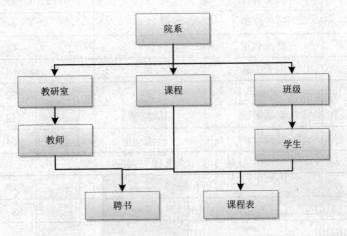

图 1-4　网状模型示例

3．关系模型

关系模型是目前最常用、最重要的数据模型，它用二维表来表示实体及实体之间的联系。关系模型建立在严格的数学基础之上，一个二维表就是一个关系，它不仅可以反映实体本身，也可以反映实体之间的联系。表 1-1 至表 1-3 是一个关系模型示例。

表 1-1　"学生"关系

学号	姓名	性别	出生日期
12018102101	王志宁	男	1999/1/1
12018102102	李林	女	1999/1/2
12018102103	卢小兵	女	1999/1/3
12018102104	马丽	女	1999/11/1
12018102105	刘晓娜	女	1999/11/2
12018102106	蔡国庆	男	1999/11/3
12018102303	徐雯	女	1999/9/19
12018102306	王伟程	男	1999/7/25
12018102307	薛文晖	女	1999/3/16
12018102308	马格增	男	1999/9/18
12018102309	李毅	男	1999/5/1
2018102310	张翼	男	1999/9/13
12018102311	李洪涛	男	1999/9/4
12018102312	马泽楠	男	1999/5/15

表 1-2　"课程"关系

课程号	课程名称	学分	学时

101	大学计算机	3	48
110	大学英语 I	4	64
201	公文写作	3	48
211	现代汉语	3	48
301	交流调速	3	48
302	电子工艺	4	64
402	金融学	2	32
421	营销策划	2	32
522	机械设计	4	64

表 1-3　"选课"关系

学号	课程号	成绩
12018102101	101	88
12018102101	110	72
12018102101	201	96
12018102309	302	87
12018102309	211	96
12018102309	421	88
12018102311	402	89
12018102311	522	89

关系模型是目前最成熟和最重要的一种数据模型,如被广泛应用的 Oracle、Sybase、SQL Server 以及本书后面将要介绍的 Microsoft Access 2010 等,都是基于关系模型的关系数据库管理系统。

4. 面向对象模型

面向对象模型的基本概念是对象和类。通过对象和类的定义,可以完整地描述现实世界的数据结构,比层次模型、网状模型和关系模型更直接、更具体。但由于面向对象模型比较复杂,因此还没有达到应用关系模型的普及程度。

1.3　关系数据库

关系数据库系统是支持关系模型的数据库系统。在关系模型中,不论实体还是联系均用关系来表示。在一个实际的应用中,表示所有实体和实体之间联系的关系的集合构成一个关系数据库。如"教学管理数据库"由 3 个数据表组成,各表通过公共属性建立一对多或多对多联系。

1.3.1　关系性质与特点

1．基本概念

（1）关系。一个关系（Relation）就是一个二维表。每个关系有一个名字称为表名。表由行和列组成。对关系的结构描述称为关系模式，其格式为：关系名（列 1，列 2，…，列 n）。例：

　　学生（学号，姓名，性别，出生日期，院系，是否党员）

　　课程（课程号，课程名，学分，学时，所属院系）

　　成绩（学号，课程号，成绩）

（2）元组。二维表中的一行就是一个元组，即通常所说的"记录"，是构成关系的一个个实体。

（3）属性。二维表中的一列就是一个属性，又称为"字段"。显然，"关系"是"元组"的集合，"元组"是"字段"的集合。例如在表 1-1 中关系"学生"由 4 条记录组成，每条记录由 4 个属性（字段）来进行描述。

（4）域。属性的取值范围。如属性"性别"的域是"男"或"女"。

（5）主键。主键（Primary Key）是指在表中能唯一标识一条记录的某个字段或某几个字段的组合。例如，"学生"表中能够唯一标识每个学生的字段是"学号"；而对于"成绩"表，只有字段的组合"学号+课程号"才能唯一确定每条记录，那么"学号+课程号"则是"成绩"表的主键。

（6）外键。如果表 A 和表 B 中有相同的字段，且该字段在表 B 中是主键，则该字段在表 A 中就称为外部关键字，也称为外键或外码。如"成绩"表和"学生"表都有"学号"字段，而且在"学生"表中"学号"是主键，那么在"成绩"表中，"学号"就是外键。

在关系数据库中，主键和外键表示了两个表之间的联系。在图 1-9 的关系模型中，"成绩"表分别通过"学号"和"课程号"两个外键与"学生"表和"课程"表建立联系。

2．关系数据库的主要特点

（1）关系必须是规范化的，满足一定的规范条件。最基本的规范条件：每个属性必须是一个不可分的数据单元，即表中不能再包含表。

（2）在同一个关系中不能出现相同的属性名，即同一表中不允许有相同的字段名。

（3）关系中不允许有完全相同的元组，即不允许出现冗余现象，以确保实体的唯一性和完整性。

（4）在一个关系中行和列的顺序可以是任意的，在实际应用中可以根据不同要求对记录进行重新排列。例如，可以对"学生"表按照出生日期进行排序，也可以按照院系对表中数据重新进行排序。

1.3.2 关系操作

关系模型中的关系操作有查询和更新两大部分，其中常用的查询操作包括选取、投影、连接、并、交、差等，更新操作包括插入、删除和修改。关系操作的特点是以集合作为操作对象，其操作结果也是集合。

1. 传统的集合运算

进行运算的两个关系必须具有相同的关系模式，即元组具有相同结构。

（1）并：属于这两个关系的元组组成的集合。

例：现在有两个"学生"关系 R 和 S，分别记录了两个班的学生基本信息，如果要将一个班的学生记录追加到另一个班的学生记录后面，就要应用关系的"并"运算。

（2）差：从一个关系中去掉另一个关系中也有的元组。

例：学生可以同时选修多门课程，现在有关系 R 和 S 分别记录了选修"数据库应用基础"和选修"大学英语"的学生名单，如果要查找选修了"数据库应用基础"但没有选修"大学英语"的学生，就需要应用关系的"差"运算。

（3）交：两个关系的共同元组。

例：在上面的关系 R 和 S 中，如果要查找既选修了"数据库应用基础"，又选修了"大学英语"的学生，就需要应用关系的"交"运算。

2. 专门的关系运算

（1）选择：从关系中找出满足给定条件的元组的操作。选择的条件以逻辑表达式给出，使逻辑表达式为真的元组将被选取。

例：从学生表中找出所有性别为男的学生。

（2）投影：从关系模式中指定若干属性组成新的关系。投影是从列的角度进行的运算，相当于对关系进行垂直分解。

例：从学生表中查询学生的姓名和出生日期。

（3）连接：是关系的横向结合，将两个关系模式拼接成一个更宽的关系模式，生成的新关系中包含满足联接条件的元组。通过连接条件来控制，需要对至少两个表进行操作。针对下面的两个表，如果需要查询每个教师所讲授课程的信息，就应把两个表按照课程号相等进行联接，如表 1-4 至表 1-6 所示。

表 1-4 "教师"表

教师编号	教师姓名	课程号
01011	王伟	201
01001	钟金萍	101
02005	陈珂	522
02019	刘华鹏	

表 1-5　"课程"表

课程号	课程名称	学分	学时
101	大学计算机	3	48
110	大学英语 I	4	64
201	公文写作	3	48
211	现代汉语	3	48
301	交流调速	3	48
302	电子工艺	4	64
402	金融学	2	32
421	营销策划	2	32
522	机械设计	4	64

表 1-6　联接运算

教师编号	教师姓名	课程名称	学分	学时
01011	王伟	公文写作	3	48
01001	钟金萍	大学计算机	3	48
02005	陈珂	机械设计	4	64

第2章 数据库的创建与操作

本章导读

Access 是 Microsoft 公司开发的面向办公管理的关系型数据库管理系统，在许多企事业单位的日常办公管理中被广泛应用。本章首先系统介绍了 Access 2010 的工作界面、数据库组成对象和系统设置等内容，然后介绍在 Access 2010 环境里数据库创建及其他操作。

本章知识点

➤ Access 2010 的特点
➤ Access 2010 的工作界面
➤ Access 数据库的创建
➤ Access 2010 数据库对象
➤ 数据库的打开与关闭操作

重点与难点

➲ Access 2010 的工作界面
➲ 创建数据库
➲ 数据库的基本操作

2.1 Access 数据管理系统基本知识

Access 是美国微软公司开发的面向办公自动化的关系型数据库管理系统，是 Office 家族的一个组件，被广泛应用于财务、金融、统计、审计等众多领域。

2.1.1 Access 的基本特点

Access 2010 提供了全新的用户界面，不仅能够存储各种海量数据，还能够对数据进行分析和处理。概括一下，Access 2010 具有以下特点。

（1）Access 2010 作为 Office 办公组件的一员，具有与 Word、Excel 和 PowerPoint 等应用程序类似的操作界面。

（2）Access 2010 是一个完全面向对象，并采用了事件驱动机制的关系数据库管理系统，使得对数据的存储、处理等更加的快捷和灵活。

（3）Access 2010 提供了表生成器、查询生成器、宏生成器、报表生成器等许多可视化的操作功能，以及数据库向导、表向导、查询向导、窗体向导、报表向导等近百种向导，将管理工作变得简单明了。

（4）Access 提供了与其他应用程序如 SQL Server、Microsoft Excel、Microsoft Word 的数据交换，实现与多种数据类型的文件的导入和导出。

（5）Access 2010 内置了大量的函数，提供许多宏操作，一般用户只需编写少量的代码甚至不必编写代码就可解决许多问题。

（6）Access 2010 支持 Visual Basic 的高级编程技术（VBA）和高级网络编程。

（7）Access 2010 在文件类型、数据类型、用户界面、表的操作、数据库的安全性等方面都有很大的变化，更加突出了其操作简单、数据共享、网络交流和安全可靠的特征。

2.1.2　Access 的启动与退出

1．Access 的启动

在桌面上顺序地执行"开始"/"所有程序"/"Microsoft Office 2010"命令，即可启动 Access 2010。Access 的启动界面如图 2-1 所示。

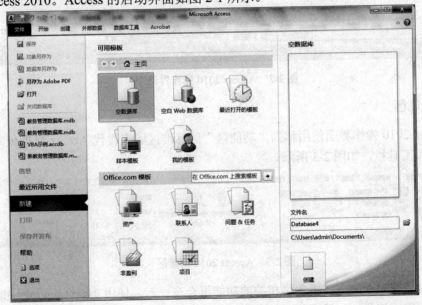

图 2-1　Access 的启动界面

除了上面这种方式外，也可以利用 Windows 的关联属性启动 Access，在"我的电脑"或"资源管理器"的文件夹中，双击扩展名为.accdb 的 Access 数据库文件，就可以打开 Access 程序及相应的数据库。

2．Access 的退出

退出 Access 的方法比较简单，选择"文件"/"退出"或直接单击窗口右上角的"关闭"按钮，即可退出 Access。无论何时退出 Access，系统都将自动保存对数据库的修改，如果意外退出，可能破坏数据库。

2.1.3 Access 2010 的界面

成功启动后的 Access 2010 的操作界面如图 2-2 所示。

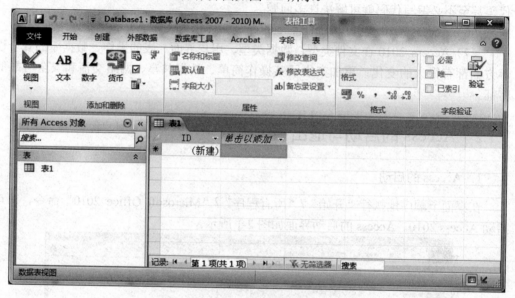

图 2-2 Access 2010 操作界面

1．功能区

Access 2010 操作界面使用称为"功能区"的标准区域来替代 Access 早期版本中的多层菜单和工具栏，如图 2-3 所示。

图 2-3 Access 2010 功能区

功能区以选项卡的方式将各种相关的功能组合在一起。使用功能区可以更快地查找相关的命令组。例如，如果要创建一个新的窗体，可以在"创建"选项卡下找到各种创建窗体的方式。

功能区位于程序窗口的顶部区域，并可以根据用户的需要隐藏或者显示。为了扩大数据库的显示区域，可以通过双击任意命令选项卡的方式来隐藏功能区，再次双击任意选项卡可以打开功能区。

2. 命令选项卡

在 Access 2010 的 "功能区" 中有 4 个选项卡，分别是 "开始" "创建" "外部数据" 和 "数据库工具"，称为 Access 2010 的命令选项卡。在每个选项卡下，都有不同的操作工具。例如，在 "开始" 选项卡下，有 "视图" 组、"字体" 组等，用户可以通过这些组中的工具，对数据库中的各种对象进行设置。

（1）"开始" 选项卡：包括 "视图" "剪贴板" "排序和筛选" "记录" "查找" "窗口" 和 "文本格式" 组，如图 2-4 所示。其主要可以完成以下功能。

①选择不同的视图。

②从剪贴板复制和粘贴。

③设置当前的字体格式。

④设置当前的字体对齐方式。

⑤对备注字段应用 RTF 格式。

⑥操作数据记录（如刷新、新建、保存、删除、汇总、拼写检查等）。

⑦对记录进行排序和筛选。

⑧查找记录。

图 2-4　"开始" 选项卡

（2）"创建" 选项卡：包括 "模板" "表格" "查询" "窗体" "报表" 和 "宏与代码" 组，如图 2-5 所示。利用该选项卡下的工具用户可以创建数据表、窗体和查询等各种数据库对象。其主要完成以下功能。

①插入新的空白表。

②使用表模板创建新表；

③在 SharePoint 网站上创建列表，在链接至新创建的列表的当前数据库中创建表；

④在设计视图中创建新的空白表。

⑤基于活动表或查询创建新窗体。

⑥创建新的数据透视表或图表。

⑦基于活动表或查询创建新报表。

⑧创建新的查询、宏、模块或类模块。

图 2-5　"创建" 选项卡

（3）"外部数据" 选项卡：包括 "导入并链接" "导出" 和 "收集数据" 组，如图 2-6 所示。利用该选项卡下的工具可以导入和导出各种数据。其主要完成以下功能。

①导入或链接到外部数据。

②导出数据。

③通过电子邮件收集和更新数据。

④使用联机 SharePoint 列表。

⑤将部分或全部数据库移至新的或现有的 SharePoint 网站。

图 2-6   "外部数据"选项卡

（4）"数据库工具"选项卡：包括"工具""宏""关系""分析""移动数据""加载项"和"管理"组，如图 2-7 所示。用户可以利用该选项卡下的各种工具进行编辑 VBA 模块编辑、设置表间关系等。其主要完成以下功能。

①启动 Visual Basic 编辑器或运行宏。

②创建和查看表关系。

③显示/隐藏对象相关性或属性工作表。

④运行数据库文档或分析性能。

⑤将数据移至 Microsoft SQL Server 或 Access（仅限于表）数据库。

⑥运行链接表管理器。

⑦管理 Access 加载项。

⑧创建或编辑 VBA 模块。

图 2-7   "数据库工具"选项卡

3. 上下文命令选项卡

除了上述标准命令选项卡外，Access 还提供了上下文命令选项卡这样一种用户界面，即根据用户正在使用的对象或正在执行的任务而显示的命令选项卡。例如，当用户在设计视图中设计一个数据表时，会出现"表格工具"下的"设计"选项卡，如图 2-8 所示。

图 2-8   数据表设计上下文选项卡

4. 快速访问工具栏

"快速访问工具栏"就是在 Office 标志右边显示的一个标准工具栏。它提供了对最常用命令（如"保存""撤销"）的即时、单击访问，如图 2-9 所示。

单击快速访问工具栏右侧的箭头，可打开"自定义快速访问工具栏"菜单，用户可以在该菜单中设置要在该工具栏中显示的图表，如图 2-10 所示。

图 2-9　快速访问工具栏与控制按钮

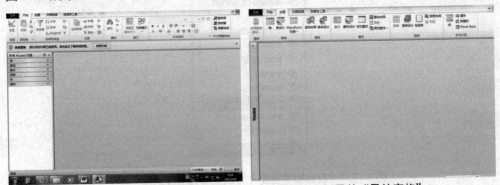

图 2-10　自定义快速访问工具栏菜单

5．导航窗格

"导航窗口"取代了 Access 早期版本的数据库窗口，使得操作更方便快捷。在 Access 2010 中打开数据库时，位于窗口左侧的"导航窗格"区域将显示当前数据库中的各种数据库对象，如表、窗体、报表、查询等。"导航窗格"有两种状态，即折叠和展开状态。通过单击"导航窗格"上方的"百叶窗开关按钮"，可以展开或折叠导航窗格，如图 2-11 和图 2-12 所示。

<table>
<tr><td>图 2-11　展开的"导航窗格"</td><td>图 2-12　折叠的"导航窗格"</td></tr>
</table>

在"导航窗格"中，右击任何对象，即可弹出快捷菜单，如图 2-13 所示，用户可以选择某个命令执行操作。

单击"导航窗格"右上方的箭头，即可弹出"浏览类别"菜单，用户可以在该菜单中选择查看对象的方式，如图 2-14 所示。

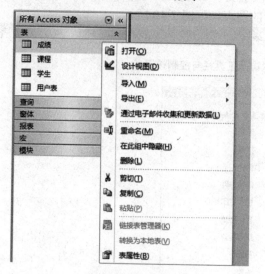
图 2-13 "导航窗格"的快捷菜单

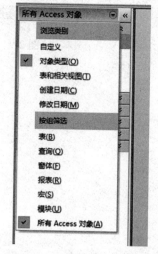
图 2-14 "浏览类别"菜单

当选择"表和相关视图"命令进行查看时，各种数据库对象就会根据各自的数据源表进行分类，如图 2-15 所示。

图 2-15 "表和相关视图"方式查看数据库对象

6. 选项卡式文档

在 Access 2010 中，默认将表、查询、窗体、报表和宏等数据库对象都显示为选项卡式文档，如图 2-16 所示。

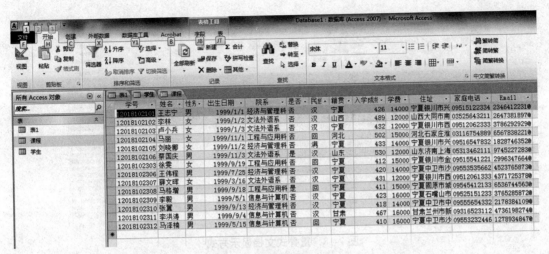

图 2-16　选项卡式文档

　　数据库对象的另一种显示方式是重叠式窗口。设置过程是首先打开需要进行设置的数据库，单击屏幕左上角的"文件"命令选项卡，在打开的界面中单击"选项"按钮，然后弹出"Access 选项"对话框，在左侧的导航栏中选择"当前数据库"选项，在右侧的"应用程序选项"区域中选中"重叠窗口"单选按钮，如图 2-17 所示。

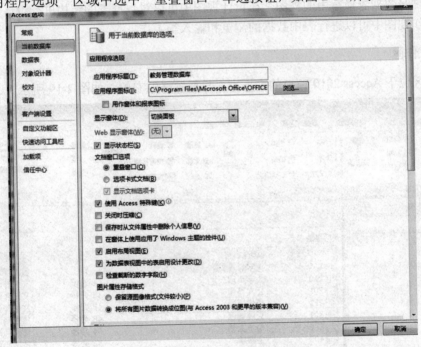

图 2-17　"Access"选项对话框

　　这样就对当前数据库设置了重叠式窗口显示方式，重新启动数据库后，打开几个数据表，就可以看到原来的选项卡式文档显示变为重叠式文档显示方式了，如图 2-18 所示。

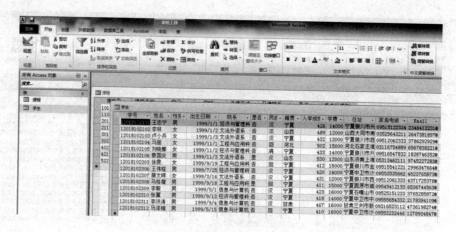

图 2-18 重叠式文档显示方式

7．视图

视图是 Access 中对象的显示方式。不同的对象都有不同的视图，如表、查询、窗体和报表等都有不同的视图。在不同的视图中，可以对同一个数据库对象进行不同的操作。例如，数据表有数据表工作视图、设计视图、数据透视表视图和数据透视图视图 4 种，其中前两种是数据表最常用的视图，在设计视图中可以对数据表的结构进行设计，而在数据表工作视图中可以进行表中数据的浏览和输入等工作。

8．工作区

工作区位于 Access 2010 窗口的右下方、导航窗格的右侧，如图 2-19 所示。

图 2-19 Access 2010 工作区

Access 2010 工作区是用来设计、编辑、修改、显示以及运行 Access 数据表、查询、报表和窗体的区域，是 Access 2010 进行所有操作的位置。用户可以通过隐藏导航窗格和功能区扩大工作区的范围。

9．Backstage 视图

这是 Access 2010 新增的功能，在 Backstage 视图中包含应用于整个数据库的命令（如"压缩和修复"）以及早期版本中"文件"菜单的命令（如"打印"）。这些命令排列在屏幕的左侧，并且每个命令都包含一组相关的命令或链接。启动 Access 2010 时，将看到 Microsoft Office Backstage 视图，可以从该视图获取有关当前数据库的信息、创建数据库、打开数据库等，如图 2-20 所示。

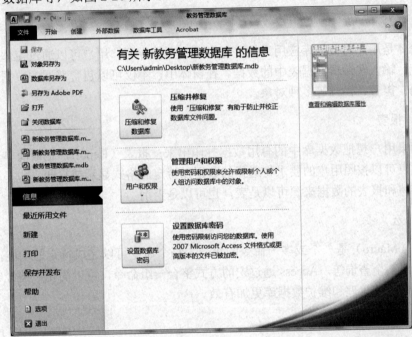

图 2-20　Backstage 视图

2.1.4　Access 的数据库对象

Access 2010 将数据库保存为扩展名为 accdb 的文件，例如，教学管理数据库文件的名字为"教学管理.accdb"。Access 2010 数据库由 6 个对象组成：用来存储数据的"表"，查找和管理各表记录的"查询"，界面友好的"窗体"，灵活方便的"报表"，用来开发系统的"宏"和"模块"。Access 2010 的主要功能就是通过这 6 种数据对象来完成的。

1．表

表（Table）是数据库的核心，用来存放数据库中的全部数据。当在 Access 系统中要创建数据库时，首先就是要建立各种表，每个表保存同一类数据，由一行行记录组成，而每个记录由若干字段组成。例如，某数据库中有订单表、产品表、客户表和雇员表等，分别存储订单、产品、客户和雇员等不同的信息。一个数据库中的多个表并不是孤立存在的，可通过外键在表之间建立联系。

2. 查询

查询（Query）是用户希望查看表中的数据时，通过设置某些条件，从表中获取所需要的数据。按照指定的规则，查询可以从一个表或多个相关表（或查询）获得全部或部分数据，并将其集中起来形成一个集合供用户在屏幕中查看，也可以把查询结果在窗体中显示或在报表中打印出来。Access 还允许用户对查询结果成批执行一个命令，如更新、删除或生成表等。

3. 窗体

窗体是用户与数据库应用系统进行人机交互的界面，用户可以通过窗体方便而直观地浏览、输入和编辑数据表中的数据。在窗体中，不仅可以包含普通的数据，还可以包含图像、声音、视频等多种对象。

4. 报表

如果用户想把数据库中的有用数据打印出来，报表（Report）是最简单且有效的方法。报表可以按照用户的要求将选择的数据以特定的格式显示或打印。

窗体和报表的数据来源可以是表，也可以是查询。

5. 宏

宏（Macro）是一个或多个命令的集合，每个命令可以完成特定的功能，如打开某个窗体或某个查询等。Access 通过宏的方式整合一组命令，可以简化一些经常性、重复性的工作，使管理和维护数据库更加有效。

6. 模块

模块（Module）就是用 VBA（Visual Basic Application）编写的一段程序。模块和宏是对 Access 数据库功能的强化，但模块能够完成比宏更为复杂的功能。

模块是声明、语句和过程的集合。需要说明的是，在 Access 2010 中，不再支持 Access 2003 中的数据访问页对象。如果希望在 Web 上部署输入窗体并在 Access 数据库中实现，则需要将数据库部署到 Microsoft Windows SharePoint Service 服务器上，使用 Windows SharePoint Service 提供的工具实现指定的要求。

2.2   创建数据库

在 Access 2010 中，可以使用模板建立数据库，也可以使用"新建文件"面板直接创建一个空数据库。

2.2.1   使用模板创建数据库

Access 2010 提供了 12 个数据库模板。用户可以根据需要，以这些数据库模板为基础，并且在向导的帮助下，对模板稍加修改，创建出满足需要的数据库。

【例 2-1】使用 Access 2010 中的模板，创建一个"教学管理"数据库。其具体操作
步骤如下。

Step 01 启动 Access 2010 软件。

Step 02 单击"样本模板"按钮，从列出的模板数据库中选择"学生"模板，如图 2-21
所示。

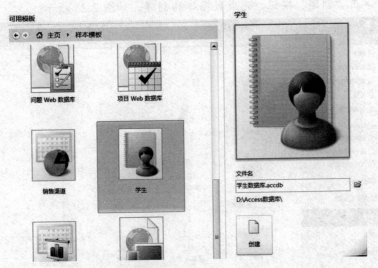

图 2-21　利用模板创建数据库对话框

Step 03 在屏幕右下方设置数据库文件的保存位置和文件名称。

Step 04 单击"创建"按钮，完成数据库的创建。如图 2-22 所示，在新创建的数据库中
已有表、查询、窗体、报表等对象。

图 2-22　自动方式创建的数据库对象

2.2.2　创建空白数据库

用户也可以直接创建空白数据库，然后根据实际需求添加数据表、查询、窗体等数

据库对象。这种方式是创建数据库的常见方法，适合于创建各种不同的数据库。

【例 2-2】创建"教学管理"空白数据库。其具体操作步骤如下。

Step 01 启动 Access 2010。

Step 02 单击"空数据库"按钮。

Step 03 在屏幕右下方设置数据库文件的保存位置和文件名称。

Step 04 单击"创建"按钮，完成数据库的创建，如图 2-23 所示。

图 2-23　创建空白数据库

创建的"教学管理"数据库是一个空库，其中只有一个自动创建的数据表（名称为"表1"），并以数据表视图方式打开该表，如图 2-24 所示，用户可以添加字段。

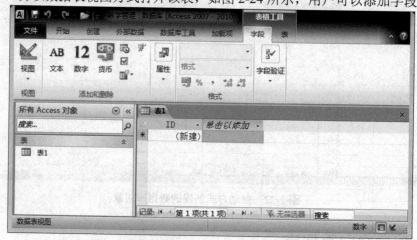

图 2-24　新建空白数据库"表 1"的数据表视图

2.3　数据库的基本操作

　　数据库的基本操作包括数据库的打开和关闭等。打开数据库就是将保存在外部存储设备中的数据库文件装入计算机内存中,以便对数据库进行各种操作。而关闭数据库与打开数据库刚好相反,是将当前内存中打开的数据库文件存入外存中。

　　Access 2010 数据库是一个独立的文件,任何时刻只能打开一个数据库文件。但在每个数据库中可以包括许多表、查询、窗体、报表、宏和模块等数据库对象,也可以在一个数据库中同时运行多个数据库对象。

2.3.1　打开数据库

　　打开数据库的操作步骤如下。

Step 01　启动 Access 2010。

Step 02　选择"文件"标签后单击"打开"选项。

Step 03　在弹出的对话框中选择要打开的文件,单击"打开"按钮,即可打开所选数据库,如图 2-25 所示。

> **▶ 说明**
>
> 　　Access 能够自动记忆最近打开过的数据库。对于最近使用过的数据库文件,只需在"文件"标签下单击"最近所用文件"选项,就可以看到最近使用过的文件。

　　在 Access 中,数据库文件的打开方式有 4 种,如图 2-26 所示。

图 2-25　打开数据库对话框　　　　　　图 2-26　打开数据库方式

　　(1)打开。以共享方式打开数据库文件,这时网络上的其他用户可以再打开这个文件,也可以同时编辑该文件。这是默认的数据库文件的打开方式,如果在局域网中开发数据库应用系统,最好不要采用这种方式。

（2）以只读方式打开。如果只是想查看已有的数据库而不是对数据库进行编辑操作，则可以选择只读方式打开，这种方式可防止对数据库文件的误操作。

（3）以独占方式打开。此种方式可以防止网络上的其他用户同时访问该数据库文件，也可以有效保护自己对数据库文件的修改。

（4）以独占只读方式打开。如果要防止网络上的其他用户同时访问该数据库文件，而且不修改数据库文件，可以选择这种方式打开数据库文件。

2.3.2 保存数据库

在打开了数据库文件以后，就可以向数据库中添加表、查询等数据库对象，或者编辑修改已有的数据库对象，应该注意随时保存以防数据丢失。

数据库的保存方式可以直接选择"保存"命令，也可以选择"数据库另存为"命令，重新定义数据库保存的路径和文件名称，如图 2-27 所示。

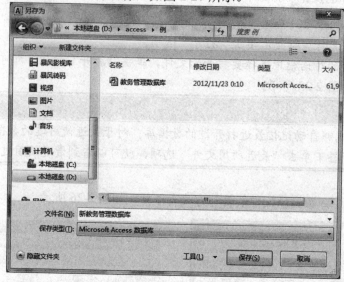

图 2-27　数据库保存窗口

2.3.3 关闭数据库

在完成了对数据库的各种操作后，当不再需要当前数据库时，就可以关闭数据库。

2.3.4 备份数据库

数据库备份是保护数据库中数据的常用安全措施，操作步骤如下。

Step 01 选择"文件"标签下的"保存并发布"选项，然后单击"备份数据库"选项，如图 2-28 所示。

Step 02 系统将弹出"另存为"对话框，默认的备份文件名为"数据库名+备份日期"，单击"保存"按钮，即可完成数据库备份。

▶ 说明

　　数据库的备份功能类似于文件的"另存为"功能，其实利用 Windows 的"复制"功能或者 Access 的"另存为"功能都可以完成数据库的备份工作。

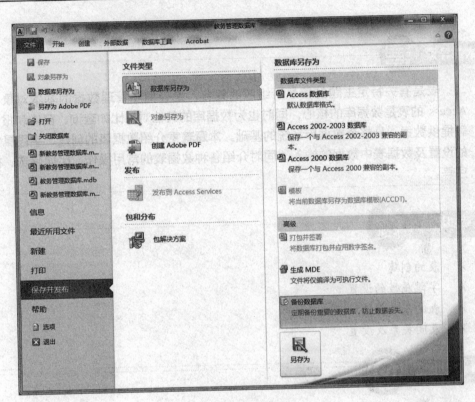

图 2-28　备份数据库窗口

2.3.5　查看数据库的属性

　　对于一个打开的数据库，可以通过查看数据库属性，来了解数据库的有关信息。具体操作步骤如下。

Step 01 打开"文件"标签，单击"选项"选项，再选择"当前数据库"选项。

Step 02 在弹出的数据库属性对话框中，用户可以对当前数据库的属性进行查看或设置，如可以看到文件的类型、存储位置及大小等信息。

第 3 章　表的创建与使用

本章导读

　　表是有关特定主题的信息所组成的集合，是存储和管理数据的基本对象。Access 的表是数据库的核心，同时也为数据库的其他对象比如查询、窗体和报表等提供数据，是整个数据库系统的基础。本章着重介绍数据表的创建、字段属性的设置及数据表中数据的输入，同时介绍各种数据表的常用操作，比如筛选、排序等。

本章知识点

➤ 表的创建
➤ 字段属性的设置
➤ 表的基本操作
➤ 表间关系及设置

重点与难点

➲ 掌握表的创建
➲ 掌握字段属性的设置
➲ 掌握表的基本操作

3.1　表

　　建表之前，要根据实际问题的需求进行调查分析，找出需要创建哪些表以及这些表的表间关系。通常，设计表需要从以下几个方面进行定义。

（1）表的名字。

（2）表的字段。

（3）每个字段的信息（如字段名字、类型、长度、默认值及取值规则等）。

（4）表的索引字段。

（5）向表中输入数据。

前四步属于表结构设计，最后一步是对表内容的编辑操作。

3.1.1　表的构成

Access 是关系型数据库管理系统，数据表是满足关系模型的二维表。所谓二维表，就是由横坐标和纵坐标组成、用来反映某个事物（实体）的相关信息的关系结构。

一般的，二维表中通过纵坐标表示实体的某个属性的值，通过横坐标表示实体集中每个实体各个属性的值。

如果将二维表的名称也算在内，二维表就由表名、列名和表内容三部分组成。如表 3-1 所示，是学生档案表，反映了实体集学生的基本档案信息。其中，表名是用户访问数据的唯一标识，列名即表的字段，表中所有字段的集合完整地记录每个实体，定义字段需要定义字段名称、类型、宽度等。

表 3-1　学生档案表

学号	姓名	性别	出生日期	政治面貌	班级编号	毕业学校
12018102101	王志宁	男	1999/1/1	团员	181021	银川五中
12018102102	李林	女	1999/1/2	团员	181021	大同一中
12018102103	卢小兵	女	1999/1/3	团员	181021	宁大附中
12018102104	马丽	女	1999/11/1	团员	181021	石家庄二中
12018102105	刘晓娜	女	1999/11/2	团员	181021	银川二中
12018102106	蔡国庆	男	1999/11/3	党员	181021	济南一中
12018102303	徐雯	女	1999/9/19	团员	181023	银川六中
12018102306	王伟程	男	1999/7/25	团员	181023	中卫中学
12018102307	薛文晖	女	1999/3/16	团员	181023	宁大附中
12018102308	马格增	男	1999/9/18	党员	181023	固原二中
12018102309	李毅	男	1999/5/1	团员	181023	石嘴山三中
2018102310	张翼	男	1999/9/13	群众	181023	中宁中学
12018102311	李洪涛	男	1999/9/4	团员	181023	兰州二中
12018102312	马泽楠	男	1999/5/15	团员	181023	中卫一中

3.1.2　字段名

数据表中的一列就是数据表的一个字段，每一个字段都有唯一的名字，称为字段名称。在 Access 2010 中，字段名称应遵循下列命名规则。

（1）长度最多可以达 64 个字符。

（2）可以包含字母、汉字、数字和空格，以及除句号（。）、惊叹号（！）、重音符号（.）和方括号（［］）以外的所有特殊字符。

（3）不能使用前导空格或控制字符（即 ASCII 值在 0~31 之间的字符）。

（4）不能以空格开头。

3.1.3 字段类型

在 Access 表中，每个字段都有自己的数据类型，字段类型决定了该字段可以存储的数据的类型。为方便用户完成复杂的数据处理，Access 提供了 12 种数据类型，分别是文本、备注、数字、日期/时间、货币、自动编号、是/否、OLE 对象、超链接、附件、计算、查阅向导和自定义型。其中，自定义型是 Access 2010 中新增加功能。对于数字型数据，还细分为字节型、整型、长整型、单精度型和双精度型、同步复制 ID 与小数等 7 种类型。下面介绍 Access 2010 提供的基本数据类型。

（1）文本型。文本型字段数据类型是 Access 默认的数据类型。它用来存储由文字字符或不具有计算能力的数字字符组成的数据，如字母、数字、字符、汉字等，是最常用字段类型之一。

文本型字段大小默认为 50 个字符，最长为 255 个字符。在 Access 中，每一个汉字和所有特殊字符（包括中文标点符号）都算为一个字符。

（2）备注型备注型数据与字段型数据本质上是一样的，不同之处是备注型字段用于存放较长的文本数据，最多可以容纳 64kB 个字符。备注型字段通常用来保存个人简历、备注或备忘录等信息。

（3）数字型。数字型字段用来存放可以进行数值运算的数据，但货币值除外，比如成绩、年龄和工资等。根据处理数据范围的不同，数字型字段划分为字节型、整型、长整型、单精度型和双精度型、同步复制 ID 与小数等 7 种类型。在 Access 中，如果某个字段被设计成数字型，则系统默认该字段的数据类型是长整型字段。

（4）日期/时间型。用来存放日期和时间值，占 8 个字节。根据日期/时间字段数据类型存储的数据显示格式的不同，日期/时间字段数据类型又分为常规日期、长日期、中日期、短日期、长时间、中时间和短时间等类型。

（5）货币型。货币型数据是一种特殊的数字型数据，用来保存货币值，占 8 个字节。给货币型字段输入数据时，Access 会自动根据所输入的数据添加货币符号和千位分隔符。当数据的小数部分超过 2 位时，Access 系统会根据输入的数据自动完成四舍五入，精确到小数点左方 15 位数及右方 4 位数。

（6）自动编号型。每个表中只允许有一个自动编号类型，该类型默认是长整型。自动编号型字段的数据不需输入，当向表中添加一条记录时，Access 系统会自动给该字段加 1 或随机编号。

（7）是/否型。用来保存只有两个取值的字段，占 1 个字节。如"婚否""是否党员"等。

（8）OLE 对象型。用来嵌入或链接其他应用程序建立的文件，如 Word 文档、声音文件等。但文件不能超过 1 GB。

（9）超链接型。用于存放超链接地址，为文本类型，最多为 64 000 个字符，如 http://www.sina.com。

（10）附件型。可以将图像、文档、图表和其他类型的支持文件附加到表的记录中，并且比 OLE 对象型具有更大的灵活性。

（11）计算型。用于表达式或结果类型为小数的数据，占 8 个字节。

（12)查阅向导型。用来实现查阅另外数据表中的数据或从一个列表中选择的字段。

对于某一具体数据而言，可以使用的数据类型可能有多种，如电话号码可以使用数字型，也可使用文本型，但只有一种是最合适的。字段类型的选择主要从以下几个方面考虑。

> 字段中可以使用什么类型的值表示。
> 需要占用多少存储空间来保存字段的值。
> 是否需要对数据进行计算（主要区分是否用数字，还是文本、备注等）。
> 是否需要建立排序或索引（备注、超链接及 OLE 对象型字段不能使用排序和索引）。
> 是否需要进行排序（数字和文本的排序有区别）。
> 是否需要在查询或报表中对记录进行分组（备注、超链接及 OLE 对象型字段不能用于分组记录）。

3.1.4　教学管理系统数据库的表结构实例

数据库建立完了之后，需要明确数据库里需要建立多少张数据表，以及每张数据表所要包含的信息内容。例如，学生的基本信息包括学生的学号、姓名、性别等，根据数据表所含的内容，确定所需要的字段和字段的数据类型。

如果我们假设教学管理系统的功能需求为学生基本信息的管理、课程基本信息的管理和学生所选课程考试成绩的管理，那么在教学管理数据库中需要包括学生、课程、成绩 3 个基本表，表 3-2～表 3-4 是这 3 个表的结构。

表 3-2　"学生"表结构

字段名	字段类型	长度	是否为空	主键	索引
学号	文本	11	否	√	有（无重复）
姓名	文本	10	是		
性别	文本	1	是		
出生日期	日期/时间	短日期	是		
院系	文本	18	是		
是否党员	是/否		是		
民族	文本	10	是		
籍贯	文本	20	是		
入学成绩	数字	单精度型	是		
学费	货币		是		
住址	文本	20	是		
家庭电话	文本	12	是		
Email	文本	20	是		
照片	OLE 对象		是		
备注	备注		是		

表 3-3　"课程"表结构

字段名	字段类型	长度	是否为空	主键	索引
课程号	文本	3	否	√	有（无重复）
课程名称	文本	20	是		
学分	数字	短整型	是		
学时	数字	短整型	是		
选课方式	文本	6	是		
开课院系	文本	18	是		
备注	备注		是		

表 3-4　"成绩"表结构

字段名	字段类型	长度	是否为空	主键	索引
学号	文本	11	否	√	
课程号	文本	3	否	√	
成绩	数字	单精度	是		

3.2　创 建 表

　　表是 Access 2010 数据库最基本的对象，数据表的创建方式有 3 种方法：使用数据表视图创建、使用表设计器创建和通过导入方式创建表。这 3 种方法各有各的优点，分别适用于不同的场合。

3.2.1　通过数据表视图创建表

　　【例 3-1】在"教务管理数据库"中创建"学生"表，结构如表 3-2 所示。
　　其具体操作步骤如下。

Step 01 打开"教务管理数据库"。

Step 02 单击"创建"选项卡下的"表"按钮，将在 Access 工作区中显示一个空白表，表名为"表 1"，并以数据表视图方式打开。

Step 03 选择 ID 字段列，在"表格工具/字段"选项卡中的"属性"组中，单击"名称和标题"按钮，如图 3-1 所示。

Step 04 在打开的"输入字段属性"对话框中定义字段的名称和标题。这里我们定义字段的名称为"学号"，如图 3-2 所示。

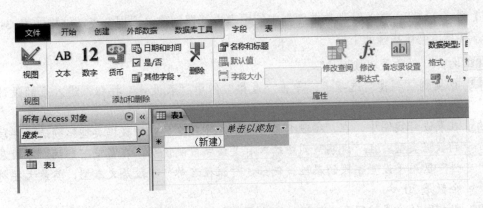

图 3-1　"名称和标题" 按钮

图 3-2　"输入字段属性" 对话框

Step 05　选择 "学号" 字段列，在 "表格工具/字段" 选项卡的 "格式" 组中，把数据类型设置为 "文本"，在 "属性" 组中把 "字段大小" 设置为 "10"，如图 3-3 所示。

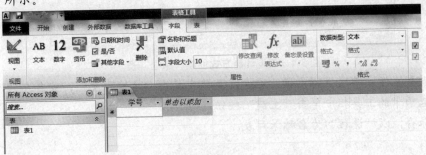

图 3-3　字段的 "格式" 和 "属性" 组

Step 06　至此，"学号" 字段定义完毕。

Step 07　单击 "学号" 列右侧的 "单击以添加"，选择新添加列的类型为 "文本"，然后输入字段名 "姓名"，并在 "属性" 选项组中设置字段长度为 4。再用相同的方法继续定义 "学生" 表的其他字段。

Step 08　在快速访问工具栏中单击 "保存" 按钮完成表的创建。

3.2.2　通过设计视图创建表

表设计视图又称为表设计器，是最常用的一种创建表的方法。使用数据表设计视图建表，可设计功能更为复杂、要求更多的表，比如设置字段的格式、默认值或有效性规则等。

【例 3-2】在"教务管理数据库"中使用表设计器创建"课程"表，结构如表 3-3 所示。其具体操作步骤如下。

Step 01 打开"教学管理数据库"。

Step 02 切换到"创建"选项卡，单击"表格"组中"表设计"按钮，进入表的设计视图。

Step 03 在表设计视图中，在"字段名称"列输入字段名，在"数据类型"列选择字段的数据类型，在"说明"列中输入有关该字段的说明，在窗口下部的"字段属性"区用于设置字段的属性。例如，"课程名称"字段是文本型，其最大字符个数是 20。

Step 04 以相同的方式按照事先的设计，完成"课程"表中的其他字段设计。字段的设计结果如图 3-4 所示。

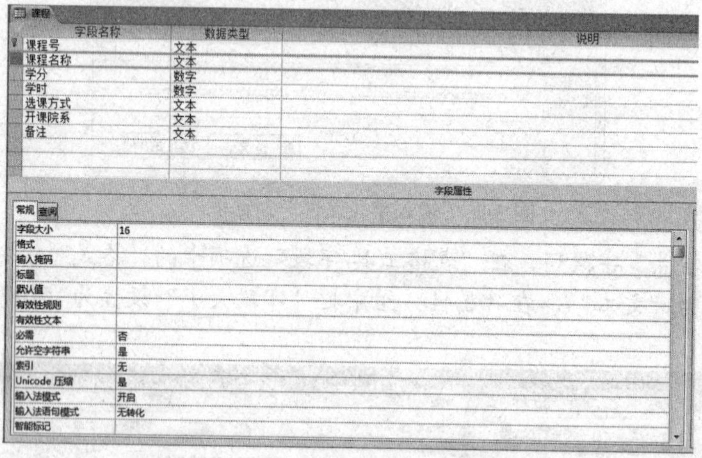

图 3-4　表设计器方式创建"课程"表

Step 05 设置主键，单击鼠标右键，在快捷菜单中单击"主键"按钮，或者在"设计"选项卡的工具栏中单击"主键"按钮。

Step 06 保存，以"课程"为名称保存表。

3.2.3　通过数据导入创建表

在 Access 中，可以通过导入用存储在其他位置的信息来创建表。其他数据可以是另外 Access 数据库中的表，也可以是其他常用办公软件产生的文档，比如 Excel 工作表、Word 文档、SharePoint 列表和 Outlook 文件夹等常见的文档格式的数据。

【例 3-3】在"教务管理数据库"中建立"成绩"表，要求将现有的 Excel 文件"成绩.xls"导入到当前数据库中。其具体操作步骤如下。

Step 01 打开"教务管理数据库"。

Step 02 选择"外部数据" /"导入并链接"选项组，单击"Excel"按钮。

Step 03 在弹出的"获取外部数据"对话框中，单击"浏览"按钮，找到要导入的文件路径和文件名称，如图 3-5 所示。

Step 04 在打开的"导入数据向导"对话框中，选中要导入的工作表，如图 3-6 所示。

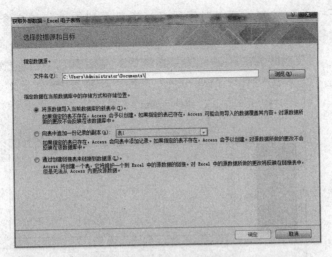

图 3-5　获取外部数据对话框

图 3-6　"导入数据向导"对话框

Step 05 单击"下一步"按钮，选择新表中是否包含 Excel 数据表的第 1 行作为字段标题，如图 3-7 所示。

图 3-7　"确定指定第一行是否包含列标题"对话框

Step 06 单击"下一步"按钮，可以对字段名、字段类型等进行相应修改，如图 3-8 所示。

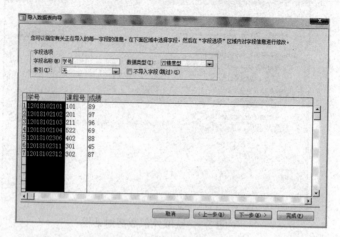

图 3-8 指定导入每一字段信息对话框

Step 07 单击"下一步"按钮，设置主键。这里选择"学号"为主键，如图 3-9 所示。

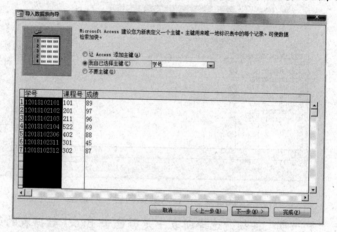

图 3-9 定义主键对话框

Step 08 单击"下一步"按钮，新导入的表命名为"成绩"，如图 3-10 所示。单击"完成"按钮，则在数据库中新增加了"成绩"表。

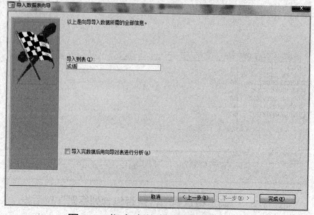

图 3-10 指定表的名称对话框

3.3　设置表中字段的属性

数据表结构的建立包括定义表名、字段名称和类型，还包括字段属性的设置。字段属性决定了如何存储、处理和显示字段中的数据。

字段属性可以分为常规属性和查阅属性两种。常规属性包括字段大小、格式、输入法模式、输入掩码、标题等。表 3-5 是 Access 数据表字段的常规属性说明。

表 3-5　字段的常规属性说明

属性	说明
字段大小	设置文本、数据和自动编号类型的字段中数据的范围，字段大小设置范围为 1~255
格式	控制显示和打印格式，选项预定义格式和输入自定义格式
输入法模式	确定当焦点移至该字段时，准备设置的输入法模式，只针对文本型字段有效
输入掩码	用于指导和规范用户输入数据的格式
标题	在各种视图中，可以通过对象的标题向用户提供字段的有关信息
默认值	自动编号和 OLE 数据类型无此项属性
有效性规则	一个逻辑表达式，用户给该字段输入的数据必须符合这个表达式
有效性文本	当输入数据不符合有效性规则时，显示的提示信息
必需	决定该字段是否可以取 NULL 值
允许空字符串	决定文本和备注字段是否可以等于零长度字符
索引	决定是否建立索引及索引的类型
Unicode 压缩	决定是否对该字段进行 Unicode 压缩

1．"字段大小"属性

字段大小即字段的宽度，用来定义文本字段的最大长度和数字型字段的取值范围。当设定字段的数据类型为文本型时，字段大小可设置值为 1~255；当设定字段的数据类型为数字型时，字段大小的可设置值如表 3-6 所示。

表 3-6　数字型字段大小

数据类型	字段宽度	范围	小数位数
字节（Byte）	1 字节	$0 \sim 255$	无
整型（Integer）	2 字节	$-2^{15} \sim 2^{15}-1$	无
长整形（Long）	4 字节	$-2^{31} \sim 2^{31}-1$	无
单精度（Single）	4 字节	$-3.4 \times 10^{38} \sim 3.4 \times 10^{38}$	7
双精度（Double）	8 字节	$-1.797 \times 10^{308} \sim 1.797 \times 10^{308}$	15

2．"格式"属性

用于自定义文本、数字、日期/时间和是/否类型字段的输出（显示或打印）格式。

它根据字段的数据类型不同而有所不同，只影响数据的显示形式而不会影响保存在数据表中的数据。用户可以使用系统的预定义格式，也可以用格式符号来设定自定义格式，不同的数据类型使用不同的设置。

（1）文本和备注数据类型的自定义格式为：<格式符号>；<字符串>。其中，"格式符号"用来定义文本字段的格式，"字符串"用来定义字段是空串或是 Null 值时的字段格式。例如，格式">;"mmm""是定义文本型字段的显示格式，都是大写形式，当字段为空时显示为"mmm"。

文本和备注型数据可以用 4 种格式符号控制显示格式，如表 3-7 所示。

表 3-7　文本和备注型数据的格式符号

符号	说明
@	要求文本字符（字符或空格）
&	不要求文本字符
<	所有字符强制变为小写
>	所有字符强制变为大写

（2）是/否类型字段的格式。在 Access 中，是/否类型字段的值保存的形式与预想的不同，"是"值用-1 保存，"否"值用 0 保存。如果没有格式设定，则必须输入-1 表示"是"值；输入 0 表示"否"值，而且以这种形式保存并显示。

是/否类型数据的自定义格式：<真值>；<假值>。功能是设定"是/否"类型字段的显示格式。如设定"是否党员"的显示格式为："";"是";"否"，表示如果当前记录是党员，则字段显示为"是"，否则显示为"否"。

（3）日期/时间类型的格式。如果字段类型为日期/时间型，则数据格式有"常规日期"（默认）和"长日期""中日期""短日期""长时间""中时间""短时间" 7 种预定义格式。Access 2010 在下拉菜单中给出了各种格式的例子，如图 3-11 所示。

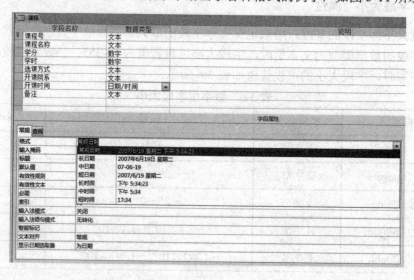

图 3-11　日期/时间型字段的显示格式

自定义格式符号如表 3-8 所示。

表 3-8　日期时间型数据的格式符号

符号	功能
;（冒号）	时间分隔符
/	日期分隔符
C	与常规日期的预定义格式相同
D 或 dd	一个月中的日期用 1 位或 2 位数表示（1~31 或 01~31）
ddd	英文星期名称的前三个字母（Sun~Sat）
dddd	英文星期名称的全称（Sunday~Saturday）
ddddd	与短日期的预定义格式相同
dddddd	与长日期的预定义格式相同
W	一周中的日期（1~7）
Ww	一年中的周（1~53）
m 或 mm	一年中的月份，用 1 位或 2 位数表示（1~12 或 01~12）
mmm	英文月份名称的前三个字母（Jan~Dec）
mmmm	英文月份名称的全称（January~December）
q	一年中的季度（1~4）
y	一年中的日期数（1~366）
yy	年的最后两位数（01~99）
yyyy	完整的年（0100~9999）
h 或 hh	小时，用 1 位或 2 位数表示（0~23 或 00~23）
n 或 nn	分钟，用 1 位或 2 位数表示（0~59 或 00~59）
s 或 ss	秒，用 1 位或 2 位数表示（0~59 或 00~59）
ttttt	与长时间的预定义格式相同
AM/PM 或 am/pm 或 A/P 或 a/p	用相应的大写或小写字母表示上午/下午的 12 小时的时钟

（4）数字类型的字段的格式设置。如果字段类型为数字型，则数据格式有"常规数字"（默认）和"货币""欧元""固定""标准""百分比""科学计数"7 种。Access 2010 在下拉菜单中给出了各种格式的例子，如图 3-12 所示。

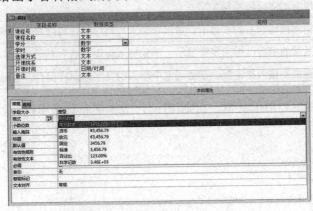

图 3-12　数字型字段的显示格式

数字型数据的自定义格式为<正数格式>；<负数格式>；<零值格式>；<空值格式>。

3．"输入法模式"属性

"输入法模式"属性只针对文本型字段有效。"输入法模式"属性有 3 个选项：随意、开启和关闭。如果选择"开启"，在输入记录时，输入到该字段时，会自动切换到中文输入法。

4．"输入掩码"属性

输入掩码主要用于规范用户输入数据的格式。比如设置字段（在表和查询中）、文本框以及组合框（在窗体中）中的数据格式，并可以对允许输入的数据类型进行控制。指定输入掩码可以更方便用户向字段中输入数据，并保证输入数据的格式正确，避免输入数据时出现错误。

（1）直接设置输入掩码格式。直接设置输入掩码格式符是指在文本框中直接输入一串格式符，用来规定输入数据时具体的格式。输入掩码属性所用的字符及其含义如表 3-9 所示。

表 3-9　输入掩码属性所用的字符及其含义

格式符	功能
0	必须输入 0~9 的数字
9	可以选择输入 0~9 的数字或空格
#	可以选择输入 0~9 的数字、空格、加号、减号
L	必须输入字母 A~Z 或 a~z
?	可以选择输入字母 A~Z 或 a~z
A	必须输入字母或数字
a	可以选择输入字母或数字
&	必须输入任意字符或一个空格
C	可以选择输入任意字符或一个空格
.,;:,-, /	小数点占位符及千位、日期与时间的分隔符
<	将所有的字母转换为小写
>	将所有的字母转换为大写
!	使输入掩码从右向左显示，可以在输入掩码中的任何位置含有感叹号
\	使其后的字符以原义字符显示，例如输入掩码 "\A" 表示 "A"
密码	创建密码输入文本框。在密码框中输入的文字按原样保存，但显示为"*"号。

输入掩码属性主要用于文本、日期/时间、数据字和货币字段。输入掩码示例如表 3-10 所示。

表 3-10　输入掩码示例

输入掩码定义	允许值示例
（000）0000-0000	（010）8953-4010
（999）9999-9999	（010）8953-4010
（000）AAA-AAA	（010）tel-567
>L0L0	A5C9
ISBN 0-&&&&&&&&&-0	ISBN 7-203-19867-0

（2）使用输入掩码向导。输入掩码还为文本型和日期/时间型字段提供了向导操作，其他数据类型没有向导帮助。下面通过实例介绍使用向导设置输入掩码的过程。

【例 3-4】使用输入掩码向导为"学生"表的"出生日期"字段设置"长日期"掩码格式。其具体操作步骤如下。

Step 01 打开"学生"表的设计器窗口，选择"出生日期"字段，如图 3-13 所示。

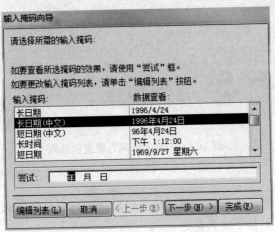

图 3-13　"学生"表设计器

Step 02 单击"输入掩码"文本框右端，打开"输入掩码向导"对话框 1，在对话框中，选择"长日期（中文）"选项，单击"尝试"文本框来验证输入掩码，如图 3-14 所示。

图 3-14　"输入掩码向导"对话框 1

Step 03 单击"下一步"按钮，打开"输入掩码向导"对话框 2，单击"占位符"文本框中的按钮，在下拉列表框中选择"*"号作为占位符，单击"尝试"文本框来验证输入掩码，如图 3-15 所示。

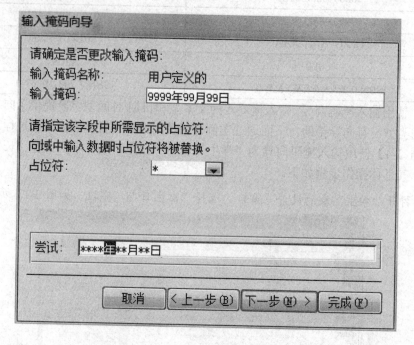

图 3-15 "输入掩码向导"对话框 2

Step 04 单击"下一步"按钮完成掩码设置。再单击"完成"按钮，生成输入掩码，并添加到输入掩码属性框中，如图 3-16 所示。

图 3-16 "输入掩码"设置的结果

5."标题"属性

在显示表中数据时，"标题"属性值可以取代字段名称，即表中该列的栏目名将是"标题"属性值，而不是字段名称。

6.“默认值”属性

在表中新增加一条记录时，如果希望 Access 2010 自动为某字段输入一个特定的数据，那么可以通过为该字段设置“默认值”这个属性实现。默认值可以是一个常量，也可以是一个表达式。

7.“必需”和“允许空字符串”属性

必需属性用于指定字段中是否必须输入数据。如果此数据设定为“是”，则在输入数据时必须在此字段中输入数据；设置为“否”时，表示可以不填写该字段的数据，允许字段为空。

允许空字符串属性提供了两个预定义值，“是”表示空字符串是有效的输入值，“否”表示空字符串是无效的输入值。

在使某一个字段为空时，如果希望系统保存空字符串而不是空值，则应当将“允许空字符串”属性和“必需”属性都设为“是”。

允许空字符串属性和必需字段属性是相互独立的。必需字段属性只确定字段中空值是否有效。如果允许空字符串属性设为“是”，则此字段的空字符串将有效，与必需字段属性的设置无关。

8.“有效性规则”和“有效性文本”属性

有效性规则属性用来自定义某个字段数据输入的规则，以保证所输入数据的正确性。有效性规则通常是一个逻辑表达式，如果所输入的数据违反了有效性规则，则根据“有效性文本”设置的内容提示相应的信息。

有效性规则的设置是在字段的“有效性规则”文本框中输入条件表达式。表达式主要由运算符和比较值构成，当运算符为“＝”时，可以省略不写。常用的运算符如表 3-11 所示。

表 3-11　运算符的说明

运算符	说明
<	小于
<=	小于等于
>	大于
>=	大于等于
=	等于
<>	不等于
In	所输入数据必须属于列表中的任意成员
Between	限制所输入数据的值必须在某个范围之内
Like	必须符合与之匹配的标准文本样式

有效性规则和有效性文本的示例如表 3-12 所示。

表 3-12　有效性规则和有效性文本的示例

举例	功能
<>0	只允许输入非零的数值
>=100 or is Null	允许输入大于等于 100 或空值
"p*"	输入文本字符串必须以字母 "P" 开头
>=#60/01/01# and <#70/01/01#	输入的日期必须是 20 世纪 60 年代的日期

虽然有效性规则中的表达式不使用任何特殊的语法，但在创建有效性规则时，仍然要注意下列规则。

（1）数据表的字段是变量，因此字段名要用方括号括起来，如［成绩］＝［成绩］+10。

（2）日期型常量用 "#" 括起来，如#2000-12-31#。

（3）文本型常量由引号括起来，如 "信息学院"。

（4）用逗号分隔多个取值组成的列表，并将列表放置在括号内，如 in("北京"，"天津"，"广州")。

【例 3-5】为 "学生" 表的 "性别" 字段设置有效性规则，要求只能输入 "男" 或 "女"，有效性文本为 "请输入男或女！"。其具体操作步骤如下。

Step01 打开 "学生" 表的设计视图。

Step02 选中 "性别" 字段，在 "有效性规则" 文本框中输入 "男 or 女"，或者单击 "有效性规则" 文本框按钮，打开 "表达式生成器" 对话框，在对话框的文本框中输入正确的表达式，如图 3-17 所示。

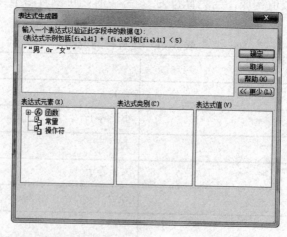

图 3-17　"表达式生成器" 对话框

Step03 在 "有效性文本" 文本框中输入 "请输入男或者女！"。

Step04 保存对表的结构设计结果，退出表设计视图。

9. "主键" 属性

关系数据库系统的强大功能，在于它可以创建查询、窗体和报表，以便快速地查找并组合保存在各个不同表中的信息。要做到这一点，每个表应该包含一个或一组字段，这些字段是表中所保存的每一条记录的唯一标识，称作表的主键。主键具有以下特征：

（1）主键值不能为空。

（2）主键值不能重复。

（3）主键值不能轻易修改。

通常，每个数据表都应该设置主键。设置主键具有以下优点：

（1）设置主键可以提供查询和排序速度。

（2）在窗体和数据表中查看数据时，Access 将按主键的顺序显示数据。

（3）当插入新记录时，Access 可以自动检查记录是否有重复的数据。

在 Access 中可以定义 3 种类型的主键：自动编号主键、单字段主键和多字段主键。

➤ **自动编号主键。** 如果在保存新表时没有设置主键，Access 会询问是否要创建主键，如果回答"是"，Access 会自动创建自动编号主键并将其设置为主键。

➤ **单字段主键。** 如果字段中包含的都是唯一的值，如学生学号，则可以将此字段指定为主键。如果选择的字段有重复值或空值，Access 2010 将不会设置主键。

➤ **多字段主键。** 如果在数据表中没有任何一个字段的取值是唯一的，可以将两个或两个以上字段指定为主键。例如，"成绩"表记录的是每个学生选修课程的考试成绩，表中的"学号"和"课程号"都不是唯一的，但对每个同学而言，每门课程只能出现一次，所以"学号"和"课程号"组合成为"成绩"表的主键。

【例 3-6】给"成绩"表设置组合主键。其具体操作步骤如下：

（1）打开"成绩"表设计视图，选择"学号"和"课程号"两行。

（2）单击工具栏上的按钮，或者用鼠标右键打开快捷菜单，单击"主键"选项。

（3）保存数据表。设置结果如图 3-18 所示。

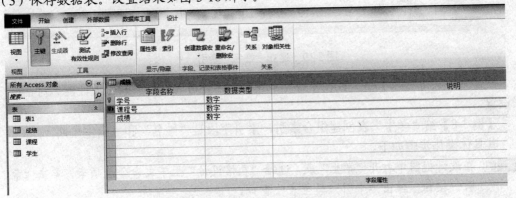

图 3 -18　"成绩"表的主键设置结果

10. "索引" 属性

建立索引的目的是快速查询，该操作就是要指定一个或多个字段，以便按一个或多个字段数据值来检索、排序。也为某医院字段建立了索引，不但加快了查找速度，还可加速排序及分组操作。用语音索引的字段，通常用于经常搜索、排序数据记录，如数字、英文单词和中文。当使用多个字段组合索引时，最多不超过 10 个字段。在 Access 中，表的主关键字将自动设置索引，而对备注、超链接、OLE 对象等数据类型的字段则不能设置索引。索引属性有以下三个选项。

➤ **无：**表示字段无索引。

➤ **有（有重复）：**表示本字段有索引，且各记录中的数据可以重复。

➤ **有（无重复）：**表示本字段有索引，且各记录中的数据不允许重复。

索引的创建可以通过字段属性设置，也可以通过索引设计器创建。

通过字段属性创建索引，下面举例说明。

【例 3-7】给"学生"表按"姓名"字段创建索引。其具体操作步骤如下。

Step 01 打开"学生"表设计视图，选中"姓名"字段。

Step 02 设置字段属性"索引"为"有（有重复）"，如图 3-19 所示。

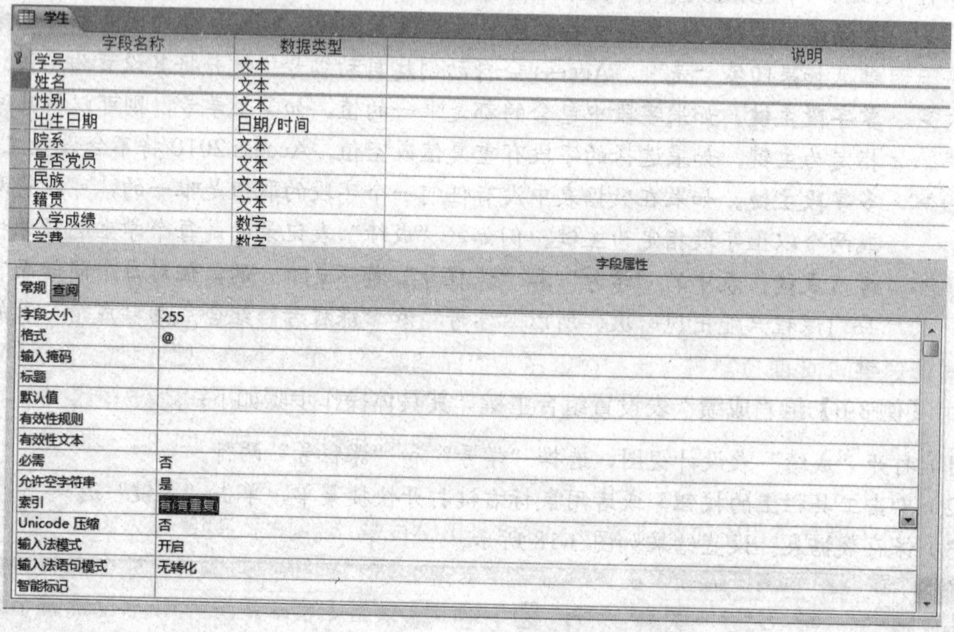

图 3-19 建立"姓名"索引

创建索引的方法除了在"表设计器"中建立外，还可以通过"索引设计器"对话框来设置。

【例 3-8】给"学生"表创建组合索引，索引字段是"姓名"和"出生日期"。

其具体操作步骤如下。

Step 01 在设计视图中打开"学生"表，选择"表格设计"上下文命令选项卡，单击"索引"按钮，弹出"索引：学生表"窗口。

Step 02 在"索引名称"列的第一个空白行，输入索引名称为"姓名出生日期"，在"字段名称"列中单击下拉按钮，选择索引的第一个字段"姓名"字段，然后在"排序次序"列中选择升序或降序，在"字段名称"列的下一行，选择索引的第二个字段"出生日期"字段。该行的"索引名称"列为空，如图 3-20 所示。

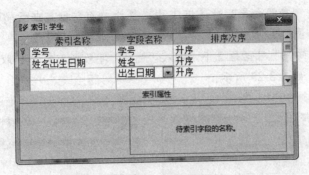

图 3-20 索引设计器创建索引

11．查阅属性

在现实世界中，客观事物之间常常是互相联系的，如学生学习某门课程、医生给病人看病等，那么在数据库中对应的数据表之间也是有联系的。一个表中某个字段的取值可能完全来自于另外一个表的某个字段，也可能表中某字段的取值是一些固定的值组成的序列。Access 提供了字段的查阅属性，该属性是使用列表框或组合框进行数据的选择性录入，可以方便用户进行数据录入，减少出错率，保证数据的一致性。

字段查阅属性选项卡只有一个"显示控件"属性，该属性仅对文本类型、数字类型和是/否类型的字段有效。对于文本型和数字型的字段提供了 3 个选项值，即文本框（默认）、列表框和组合框；对于是/否型的字段提供了 3 个选项值，复选框（默认）、文本框和组合框。

查阅字段的数据来源有两种：来自创建值列表的数值和来自表/查询中的数值。创建"值列表"查阅字段列，下面举例说明。

【例 3-9】在"教学管理数据库"的"学生"表中，将"院系"字段类型改为"查阅向导"型。其具体操作步骤如下。

Step 01 打开"学生"表设计器，选中"院系"字段。

Step 02 单击数据类型右侧的下拉箭头，弹出下拉列表，选择"查阅向导"，如图 3-21 所示。

图 3-21 选择"查阅向导"数据类型

Step 03 在打开的"查阅向导"对话框 1 中，选中"自行键入所需的值"，单击"下一步"，如图 3-22 所示。

Step 04 在"查阅向导"对话框 2 中，输入"院系"字段所有可能的取值，然后单击"下一步"，如图 3-23 所示。

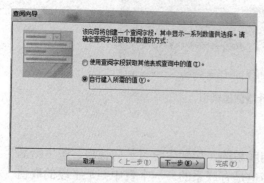

图 3-22 "查阅向导"对话框 1

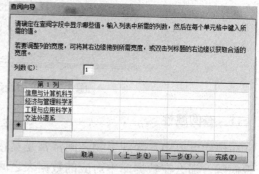

图 3-23 "查阅向导"对话框 2

Step 05 在接下来的对话框中，为查询字段指定标签，输入"院系"，然后单击"完成"按钮。完成以上设置后，在"学生"表的数据表视图中，选择"院系"字段单击下拉按钮，就可以看到弹出的"院系"下拉列表框，如图 3-24 所示。

学号	姓名	性别	出生日期	院系	是否党员	民族	籍贯
12018102101	王志宁	男	1999/1/1 Friday	经济与管理科学系	否	汉	宁夏
12018102102	李林	女	1999/1/2 Saturday	信息与计算机科学系	否	汉	山西
12018102103	卢小兵	女	1999/1/3 Sunday	经济与管理科学系	否	汉	宁夏
12018102104	马丽	女	1999/11/1 Monday	工程与应用科学系	否	回	河北
12018102105	刘晓娜	女	1999/11/2 Tuesday	文法外语系	否	满	宁夏
12018102106	蔡国庆	男	1999/11/3 Wednesday	文法外语系	是	汉	山东
12018102303	徐雯	女	1999/9/19 Sunday	工程与应用科学系	否	回	宁夏
12018102306	王伟程	男	1999/7/25 Sunday	经济与管理科学系	否	汉	宁夏
12018102307	薛文晖	女	1999/3/16 Tuesday	文法外语系	否	汉	宁夏
12018102308	马格增	男	1999/9/18 Saturday	工程与应用科学系	是	回	宁夏
12018102309	李毅	男	1999/5/1 Saturday	信息与计算机科学系	否	汉	宁夏
12018102310	张翼	男	1999/9/13 Monday	经济与管理科学系	否	汉	宁夏
12018102311	李洪涛	男	1999/9/4 Sunday	信息与计算机科学系	否	汉	甘肃
12018102312	马泽楠	男	1999/5/15 Saturday	信息与计算机科学系	否	回	宁夏

图 3-24 设置"查阅向导"后的效果

如果一个表的某个字段的取值来源于其他表的某些字段，那么也可以把这个字段设置为查阅向导。比如，"成绩"表中的"学号"字段必须是"学生"表中的学号，"课程号"字段的值必须是"课程"表中有的课程号。

【例 3-10】将"成绩"表的"学号"字段类型设置为"查阅向导"类型。其具体操作步骤如下。

Step 01 打开"成绩"表，选中"学号"字段，并设置数据类型为"查阅向导"。

Step 02 在"查阅向导"对话框中，选中"使用查阅列查阅表或查询中的值"，单击"下一步"按钮。

Step 03 在接下来的对话框中，选择为查阅字段提供数值的表或查询。由于"成绩"表中的"学号"字段的内容来源于"学生"表，因此选择"表：学生"，单击"下一步"按钮，如图 3-25 所示。

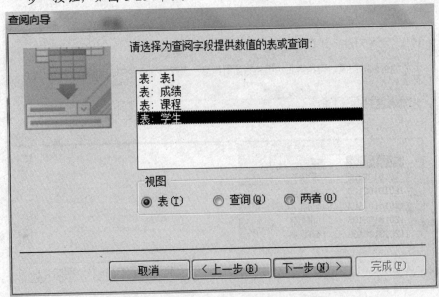

图 3-25　选择为查阅字段提供数据的表或查询

Step 04 在接下来的对话框中选择含有查询列数值的字段，即"学号"和"姓名"字段，单击"下一步"按钮，如图 3-26 所示。

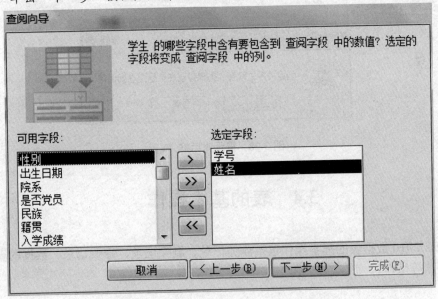

图 3-26　选择含有查阅列数值的字段

Step 05 在接下来的对话框中，提示"请确定要为列表框中的项使用的排序次序"，直接单击"下一步"按钮。

Step 06 在对话框中设置查询字段中列的宽度，同时，选中"隐藏键列（建议）"复选框，表示"学号"字段将被隐藏不显示。如果不选中的话，将同时显示"学号"和"姓名"字段，如图 3-27 所示。

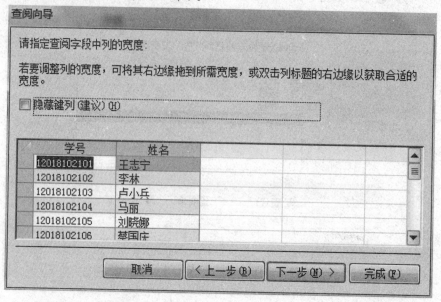

图 3-27　指定查阅列中列的宽度

Step 07 最后为查阅字段指定标签。在文本框中输入"学号"，单击"完成"按钮，在弹出的对话框中，提示用户"创建关系之前先保存该表"，单击"是"按钮，如图 3-28 所示。

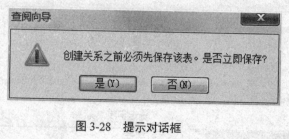

图 3-28　提示对话框

3.4　表的基本操作

Access 2010 数据表的基本操作包括添加记录、删除记录、修改记录、数据的查找、排序与筛选等操作。

3.4.1　打开与关闭表

在进行表操作之前要打开相应的表，完成操作后，还要关闭所有的表。

1．表的打开

根据对表的操作的不同，我们可以分别在设计视图和数据表视图中打开表，还可以在这两种视图之间进行切换。

（1）在设计视图中打开表。单击导航窗格右上方的下拉按钮，在下拉列表中选择"表"。右击表对象列表中的某个表，然后在弹出的快捷菜单中选择"设计视图"命令，就可以在设计视图中打开该表。

（2）在数据表视图中打开表。在导航窗格中可以看到数据库中包含的所有表，选中要打开的表，然后右键单击，弹出快捷菜单，选择"打开"命令，或直接双击该表，都可以打开该表的数据表视图。

（3）在视图之间进行切换。在数据库窗口中，选择"开始"选项卡，单击"视图"组中的"视图"下拉按钮，在打开的下拉列表进行选择，可以在这些不同视图之间进行切换。

2．表的关闭

关闭一个已经打开的数据表，无论是数据表视图还是设计视图，只需要用鼠标单击视图窗口右上角的关闭按钮即可。

在关闭表时，如果对表的结构或记录修改过却没有保存，Access2010 会弹出一个提示对话框，可以根据提示选择是否保存修改。

3.4.2　添加、修改与删除记录

一个完整的数据表除了表结构外还应该有数据，也就是记录。记录的输入和编辑都是数据表的基本操作，这些操作是在数据表视图完成的。

1．记录的添加

添加记录是指将数据按照表结构定义的要求添加到表中的操作。Access 2010 提供了 4 种添加记录的方法。

（1）直接将光标定位在表的最后一行。

（2）单击"记录指示器"最右侧的"新（空白）记录"按钮。

（3）在"开始"选项卡的"记录"组中，单击"新建"按钮。

（4）将鼠标指针移到任意一条记录的"记录选定器"上，当光标变成右箭头时右键单击，在弹出的快捷菜单中选择"新记录"选项，如图 3-29 所示。

在 Access 中，由于数据类型不同，因此对不同字段会有不同的要求，输入的数据必须满足这些要求。

（1）日期/时间型数据。在输入日期型数据时，系统会在字段的右侧显示一个日期选取器图标，单击将打开日历控件，如图 3-30 所示。

（2）文本型数据。文本型数据可以直接输入，最多可以输入 255 个字符。

（3）"是/否"型数据。这种类型的数据在录入时会显示一个复选框，打钩状态表示"是"，没有打钩表示"否"。

图 3-29 选择"新记录"对话框

图 3-30 日历控件

（4）OLE 对象型数据。OLE 对象类型的字段使用插入对象的方式插入数据。如"学生"表中的"照片"字段，当光标位于该字段时，单击鼠标右键，在弹出的快捷菜单中选择"插入对象"选项，打开插入对象对话框，如图 3-31 所示。

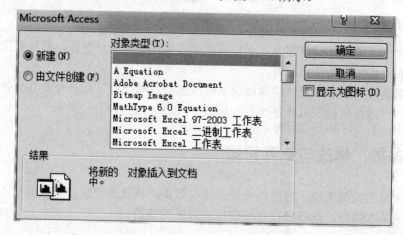

图 3-31 "插入对象"对话框

在对话框中可以新建各种类型的对象，也可以在指定位置选择一个已经存在的外部文件插入到当前字段上。

（5）超链接型数据。超链接数据保存的字符串是一个可以链接的地址，当光标在该字段中输入时会自动变成超链接的方式。右键单击鼠标，在弹出的快捷菜单中选择"超链接"/"编辑超链接"选项，打开"插入超链接"对话框，如图 3-32 所示。

图 3-32 打开"插入超链接"对话框

在对话框中可以选择 3 种超链接，即现有为文件或网页、电子邮件地址、超链接生成器。根据需要，选择输入不同的超链接数据。

2．记录的删除

在数据表视图中选中要删除的记录，然后按【Delete】键，或右击数据表视图中记录行左侧的行选定器，在弹出的快捷菜单中选择"删除记录"命令，弹出提示对话框，询问是否删除记录。单击"是"按钮，将删除所选记录；单击"否"按钮，将取消删除操作。

3．记录的修改

在数据表视图中，将光标移到需要修改数据的位置，就可修改光标位置的数据信息。

3.4.3 记录的排序

在数据表视图中，有时需要表中的记录以不同的顺序显示，这时可以通过对表中的记录进行排序实现。由于表中各字段的数据类型存在差异，所以针对各种字段类型的排序规则也各不相同。排序的方式有升序和降序两种，排序的结果是使排序字段相同的记录排列在一起。在 Access2010 中，既可以按单字段排序，也可以按多字段排序。下面通过实例介绍快速排序和高级排序。

1．快速排序

对一个或多个相邻的字段可以进行快速排序。当多字段排序时，每个字段都按照同样的方式排列(升序或者降序)，并且从左到右依次为第一排序字段、第二排序字段……。

【例 3-11】对"学生"表按照性别降序排序。其具体操作步骤如下。

Step01 打开"学生"表，切换到数据表视图。

Step02 单击"性别"字段名称右侧的下拉箭头，打开下拉列表，如图 3-33 所示。

Step03 在打开的下拉列表中选择"降序"选项即可。也可以在"开始"选项卡的"排序和筛选"组中选择"降序"选项，如图 3-34 所示。

图 3-33 排序下拉菜单

图 3-34 排序和筛选

【例 3-12】对"学生"表排序，要求同一院系的学生按照入学成绩由高到低排列。其具体操作步骤如下。

Step01 打开"学生"表，切换到数据表视图。

Step 02 选中"入学成绩"列，然后把它拖曳到"院系"右侧分隔线处释放鼠标。

Step 03 选中"院系"和"入学成绩"列，在"开始"选项卡的"排序和筛选"组中，单击"降序"即可完成对"学生"表的排序要求。

2. 高级排序

如果要对表中的多个不相邻字段按照不同的方式（升序或降序）排列，可以使用高级排序功能。

【例 3-13】对"学生"表排序，要求先按院系升序排列，同一院系按入学成绩由高到低排列。其具体操作步骤如下。

Step 01 打开"学生"表，切换到数据表视图。在"开始"选项卡的"排序和筛选"组中，单击"高级/高级筛选/排序"选项，如图 3-35 所示。

Step 02 从窗口下部的"字段"行第 1 列的下拉列表框中选择"院系"字段，排序方式为"升序"，从"字段"行第 2 列的下拉列表框中选择"入学成绩"字段，排序方式为"降序"，如图 3-36 所示。

图 3-35 "高级筛选/排序"快捷菜单

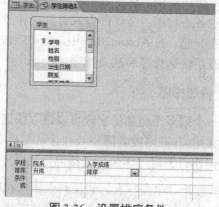

图 3-36 设置排序条件

Step 03 单击"排序和筛选"组中的"高级筛选选项"按钮，在弹出的快捷菜单中选择"应用筛选/排序"选项，执行排序的结果如图 3-37 所示。

学号	姓名	性别	出生日期	院系	是否党员	民族	籍贯	入学成绩
12018102104	马丽	女	1999/11/1 Monday	工程与应用科学系	否	回	河北	502
12018102303	徐雯	女	1999/9/19 Sunday	工程与应用科学系	否	回	宁夏	412
12018102308	马格增	男	1999/9/18 Saturday	工程与应用科学系	是	回	宁夏	411
12018102105	刘晓娜	女	1999/11/2 Tuesday	经济与管理科学系	否	满	宁夏	433
12018102101	王志宁	男	1999/1/1 Friday	经济与管理科学系	否	汉	宁夏	426
12018102306	王伟程	男	1999/7/25 Sunday	经济与管理科学系	否	汉	宁夏	420
12018102310	张翼	男	1999/9/13 Monday	经济与管理科学系	否	汉	宁夏	418
12018102106	蔡国庆	男	1999/11/3 Wednesday	文法外语系	是	汉	山东	530
12018102102	李林	女	1999/1/2 Saturday	文法外语系	否	汉	山西	489
12018102103	卢小兵	男	1999/1/3 Sunday	文法外语系	否	汉	宁夏	432
12018102307	薛文晖	女	1999/3/16 Tuesday	文法外语系	否	汉	宁夏	431
12018102311	李洪涛	男	1999/9/4 Saturday	信息与计算机科学系	否	汉	甘肃	467
12018102309	李毅	男	1999/5/1 Saturday	信息与计算机科学系	否	汉	宁夏	423
12018102312	马泽楠	男	1999/5/15 Saturday	信息与计算机科学系	否	回	宁夏	410

图 3-37 高级排序的结果

3.4.4　记录的筛选

筛选就是根据用户指定的条件从数据表中查找并显示满足条件的记录，对不满足条件的记录暂时隐藏起来。Access 2010 提供了 4 种筛选方式，即选择筛选、筛选器筛选、按窗体筛选和高级筛选。

1．选择筛选

按选定内容筛选是最简单和快速的方法，它是将当前网格位置的内容作为条件进行筛选。Access 将只显示那些与所选数据匹配的记录。

【例 3-14】在"学生"表中筛选所有男生记录。其具体操作步骤如下。

Step 01　打开"学生"表的数据表视图。

Step 02　把光标定位到所要筛选内容"男"的某个单元格，在"开始"选项卡的"筛选和排序"组中，单击选择按钮，弹出下拉菜单，选择"等于男"选项，如图 3-38 所示。

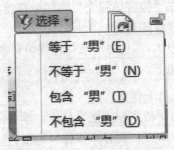

图 3-38　"等于"命令

2．"筛选器"筛选

筛选器是 Access 2010 提供的一种灵活筛选方式。它能把所选字段中所有不重复值以列表方式显示出来，供用户选择作为筛选的条件。除了 OLE 和附加字段外，所有字段类型都可以应用筛选器。

例如，在教学管理数据库中的"学生"表，选中"出生日期"列后，单击"筛选器"按钮打开下拉列表，在列表中显示所有的日期都被选中，用户可以根据需要取消对某个日期的选择，如图 3-39 所示。

在弹出的筛选器列表中，还可以进一步打开"日期筛选器"命令，打开筛选列表，在列表中提供了多种筛选选项供用户选择，来完成更复杂的筛选需求，如图 3-40 所示。

图 3-39　筛选器列表

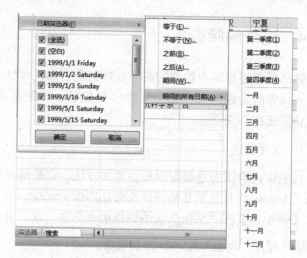

图 3-40　展开后的日期筛选器

3．按窗体筛选

"按窗体筛选"是用户在"按窗体筛选"窗口中直接指定条件筛选的方式，它可以满足同时对两个以上的字段进行筛选。

【例 3-15】在"学生"表中，筛选"信息与计算机科学系"所有来自"宁夏"的"男生"记录。其具体操作步骤如下。

Step 01　打开"学生"表的数据表视图。

Step 02　在"开始"选项卡的"排序和筛选"组中，单击"高级筛选选项"按钮，在弹出的下拉菜单中单击"按窗体筛选"选项。

Step 03　这时数据表视图转变成"按窗体筛选"界面，分别在"院系""籍贯"和"性别"字段的下拉菜单中选择"信息与计算机科学系""宁夏"和"男"。由于这三个条件是"与"的关系，应设置在同一行。注意，如果条件之间是"或"的关系时单击下方的"或"标签，如图 3-41 所示。

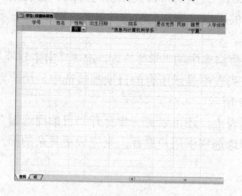

图 3-41　按窗体筛选窗口

Step 04　在"排序和筛选"组中，单击"切换筛选"按钮，显示筛选结果。

4. 高级筛选

使用高级筛选可以进行复杂筛选，其功能比前几种筛选更强大。使用前几种筛选方法进行筛选后，可以切换到"高级筛选"窗口来查看筛选条件的设置。

【例 3-16】在"学生"表中，筛选所有生日是 9 月份的学生。其具体操作步骤如下。

Step 01 打开"学生"表的数据表视图。

Step 02 选中"出生日期"字段的某个单元格，在"开始"选项卡上的"排序和筛选"组中，单击"高级筛选选项"按钮，在弹出的下拉菜单中选择"高级筛选和排序"选项。

Step 03 从窗口下部的"字段"行第 1 列的下拉列表框中选择"出生日期"字段，在条件行输入条件"Month（[出生日期]）=9"，如图 3-42 所示。

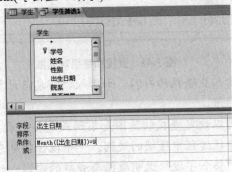

图 3-42　高级筛选窗口

Step 04 单击"排序和筛选"组中的"切换筛选"按钮，显示筛选结果。

5. 清除筛选

完成筛选后如果不需要筛选时，应及时把筛选清除掉，以便查看所有数据。方法是在"开始"选项卡上的"排序和筛选"组中，单击"高级"/"清除所有筛选"选项，便可以把所有设置的筛选清除掉。

3.4.5　数据的查找与替换

当数据表中记录很多时，为了快速查看和修改指定的数据，可以使用 Access 提供的查找替换功能。

1. 数据查找

【例 3-17】在"学生"表中查找院系为"信息与计算机科学系"的学生。其具体操作步骤如下。

Step 01 打开"学生"表，并切换到数据表视图。

Step 02 在记录导航条最右侧搜索栏 记录：I ◀ 第 12 项(共 14 1 ▶ ▶I ▶☒ ☒无筛选器 信息与计算机 ▼ 中输入"信息与计算机科学系"。

Step 03 按【Enter】键确认，光标将定位在所查找到位置。

这是一种快速查找方式，另外，还可以通过"查找和替换"对话框进行查找。在该对话框中，选择"查找"选项卡，通过对话框中的各项内容进行设置完成查找，如图3-43所示。

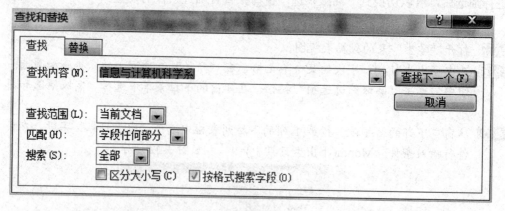

图 3-43　查找和替换对话框 1

➤ **查找内容：** 输入要查找的内容，如输入"信息与计算机科学系"，默认是光标所在字段上的值。

➤ **查找范围：** 可以设定查找的范围是某列或是整个表。默认选择"当前文档"。

➤ **匹配：** 设定查找过程中遵循的规则。"字段任何部分"说明数据中包含查找的内容即可；"整个字段"说明数据与查找的内容一致；"字段开头"要求数据开头与查找的内容一致，后面为任何字符，比如选择"整个字段"。

➤ **搜索：** 设定查找方向，有"向上""向下""全部"3个方向。

另外，还可以设定在查找过程中是否区分大小写。

2. **数据替换**

数据替换与数据查找基本相同，只是在"查找和替换"对话框中选择"替换"，如图3-44所示。

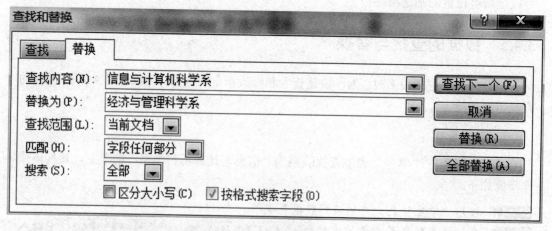

图 3-44　查找和替换对话框 2

在该对话框中，多了一个"替换为"文本框，在该文本框中输入要替换的文本，如"经济与管理科学系"，有以下几种选择。

> ➢ **查找下一个：** 只查找不替换。
> ➢ **替换：** 仅替换刚找到的一个。
> ➢ **全部替换：** 自动查找并替换所有的内容。

3.4.6 表结构的操作

表结构的操作主要是针对表中字段的操作，如添加/删除字段、更改现有字段的属性等。这些操作都需要在表的设计视图完成。

1．添加字段

在设计视图中打开相应的表，选中要在其上面插入行的那一行字段，然后单击"表格工具/设计"上下文命令选项卡中的"工具"组中的"插入行"按钮，将插入一个空白行，在该行输入要添加字段的各项信息，最后单击"保存"按钮保存所作的添加操作。

2．修改字段名与字段属性

在设计视图中单击要修改的字段，直接输入新的字段名即可。

在设计视图中打开表以后，单击要修改属性的字段，然后在"常规"选项卡和"查阅"选项卡中选择需要修改的属性，并设置和修改相应的的属性值。

3．删除字段

如果要删除某字段，直接选中该字段，然后在"开始"选项卡上的"记录"组中，单击"删除"按钮，或者右击选择"删除行"，就可以删除字段，当然也就删除了该字段中的所有数据。

4．移动字段的位置

在设计视图中打开表，单击行选定器选择要移动的字段，然后用鼠标拖动被选中的字段的行选定器。随着鼠标的移动，Access 2010 将显示一个细的水平条，将此水平条拖到字段要移动到的位置即可。

3.4.7 表的复制、删除和重命名

在表的使用过程中，有时需要对表进行复制、删除和重命名。

1．表的复制

表的复制可以用来实现表的备份，防止误操作导致表中重要数据的破坏。也可以通过复制操作在当前数据库或其他数据库中建立新表。表的复制有 3 种类型。

> ➢ **只粘贴结构：** 只是将所选表的结构复制并形成一个新表。
> ➢ **结构和数据：** 将所选表的结构和全部数据一起复制，并形成一个新表。
> ➢ **将数据追加到已有的表：** 将所选表的全部数据追加到一个已经存在的表中，但要求这个表的结构和被复制的表结构相同，才能保证复制数据的正确性。

【例 3-18】为"学生"表创建一个备份表"学生备份"。其具体操作步骤如下。

Step 01 选中"学生"表。

Step 02 在"开始"选项卡下的"剪贴板"组中，单击"复制"按钮，然后单击"粘贴"按钮，系统将打开"粘贴表方式"对话框，如图 3-45 所示。

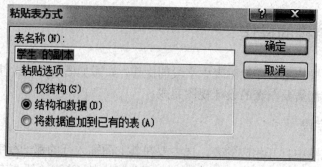

图 3-45 "粘贴表方式"对话框

Step 03 在"表名称"文本框中输入新表名"学生备份"，然后在"粘贴选项"区域中选择所需的粘贴方式，单击"确定"即可完成"学生"表的备份。

如果选中表并完成复制操作后，关闭当前数据库，打开其他数据库，再在"开始"选项卡下的"剪贴板"组中单击"粘贴"，便可以在不同数据库间实现表的复制。

2．表的删除

表的删除与一般文件的删除方式相同，选中要删除的表的图标，按下【Delete】键；或者在需要删除的数据表上右击鼠标，在弹出的快捷菜单中选择"删除"选项，即可删除一个不再需要的数据表。

3．表的重命名

要对某表重命名，可以在该表上右单击鼠标，在弹出的快捷菜单中选择"重命名"选项，数据表的名字将变成可编辑状态，输入新的表名后按【Enter】键即可。

3.5　数据的导入和导出

为了更好地利用计算机信息资源，Access 2010 为用户提供了不同系统之间的数据传递功能。通过数据的导入、导出功能，可以实现不同系统程序之间的数据资源共享。

3.5.1　数据的导出

导出就是将 Access 中的数据表导出到另外的数据库或外部文件的过程。

1．导出到 Excel 中

Microsoft Excel 具有强大的计算功能、数据分析及图表功能，如果将 Access 中数据表中的数据导出到 Microsoft Excel 中，Access 中数据库对象的作用和功能便会有大幅的提高。

【例 3-19】把"学生"表导出到 Microsoft Excel 文件中,文件命名为"学生"。其具体操作步骤如下。

Step 01 打开"教学管理数据库",打开"学生"表。

Step 02 在"外部数据"选项卡的"导出"组中选择"Excel"选项。

Step 03 打开导出向导的"选择数据导出操作的目标"对话框,选择导出位置并输入导出的目标文件名,单击"确定"按钮,即可完成数据表的导出,如图 3-46 所示。

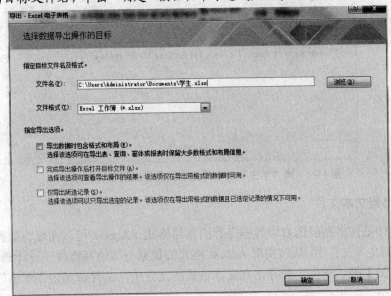

图 3-46　"选择数据导出操作的目标"对话框

2.导出到 Word 文档

在 Office 家族中,Word 是专业的文字处理和排版软件,在办公业务中经常需要把一些数据嵌入到 Word 文档中。使用 Access 数据导出向导可以将数据从 Access 数据库导出到 Word 2010 文档时,Access 将以 Microsoft Word RTF 文件 (*.rtf) 格式创建这些数据的副本。但是,导出过程只复制 Access 表、查询和窗体中可见的字段和记录,然后在 Word 文档中以表格形式显示这些数据。如果有数据被筛选器隐藏,那么导出向导将不会导出这些数据。

【例 3-20】把"学生"表导出到 Word 格式的文件中,文件命名为"学生"。其具体操作步骤如下。

Step 01 打开"教学管理数据库",打开"学生"表。如果要从表中只导出部分数据,那么只选择要导出的记录。

Step 02 在"外部数据"选项卡的"导出"组中,选择"其他"选项,然后单击"Word"。("导出"命令只有在数据库已打开,且对象已选中时才会可用)

Step 03 在"导出向导"中,指定目标文件的名称。如果想在导出操作完成之后查看 Word 文档,可选中"完成导出操作后打开目标文件"复选框。如果在开始导出操作之前选择了要导出的记录,可以选中"仅导出所选记录"复选框(如果没有选择记录,此复选框会显示为不可用状态),如图 3-47 所示。

Step 04 单击"确定"按钮，Access 会根据设置完成数据的导出。

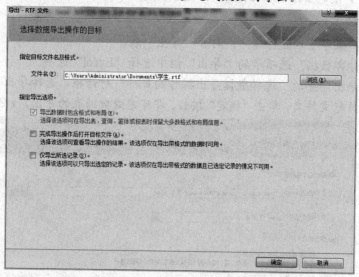

图 3-47　把"学生"表中的指定数据导出到 Word 文档中

3．导出到文本文件

文本文件是许多高级语言中数据保存的常用格式，Access 可以实现将数据表（包括查询）导出到文本文件中，从而实现 Access 格式的数据与其他高级程序设计语言的共享。

【例 3-21】把"学生"表导出到文本格式的文件中，文件命名为"学生"。其具体操作步骤如下。

Step 01 打开"教学管理数据库"，打开"学生"表。如果要从表中只导出部分数据，那么只选择要导出的记录。

Step 02 在"外部数据"选项卡的"导出"组中，选择"文本文件"选项。

Step 03 打开导出向导的"选择数据导出操作的目标"对话框，选择导出位置并输入导出的目标文档，如图 3-48 所示。

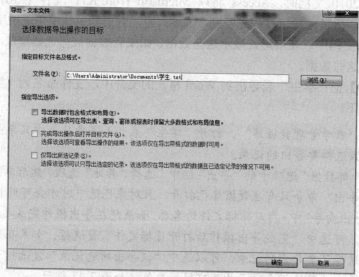

图 3-48　把"学生"表中的指定数据导出到文本文件中

Step 04 在打开的"导出文本向导"对话框中，指定导出数据的细节，比如，选择"带
分隔符"的格式，如图 3-49 所示。

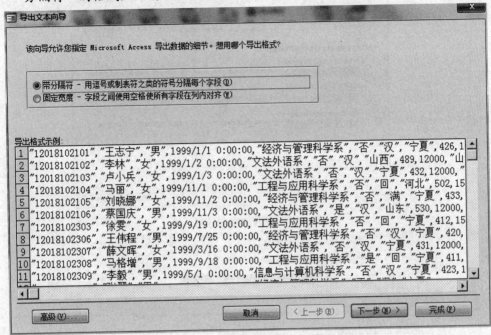

图 3-49　"导出文本向导"对话框

Step 05 单击"下一步"，在接下来的对话框中可以对字段分隔符进行设置，系统提供
了 5 种分隔符可供选择：制表符、分号、逗号、空格和其他。设置完毕后，单
击"完成"按钮即完成文本文件的导出。

3.5.2　数据的导入

所谓数据导入就是把外部数据导入到当前数据库中。这是当前数据库与其他数据库
或其他应用程序实现数据传递的基本途径。导入的数据可以是 Access 数据库、Excel 文
件、文本文件等。

【例 3-22】导入 Excel 电子表格"学生档案表.xls"到当前数据库中。其具体操作步
骤如下。

Step 01 打开"教学管理数据库"。

Step 02 在"外部数据"选项卡的"导入并链接"组中选择"Excel"选项。

Step 03 打开导出向导的"选择数据导出操作的目标"对话框，选择导出位置并输入导
出的目标文档，单击"确定"按钮，即可完成数据表的导出，如图 3-50 所示。

Step 04 在"导入数据表向导"对话框中，按照向导提示一步步完成数据的导入，如图
3-51（a）、图 3-51（b）、图 3-51（c）和图 3-51（d）所示。

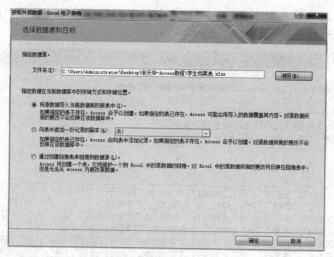

图 3-50　导入数据向导对话框

（a）

（b）

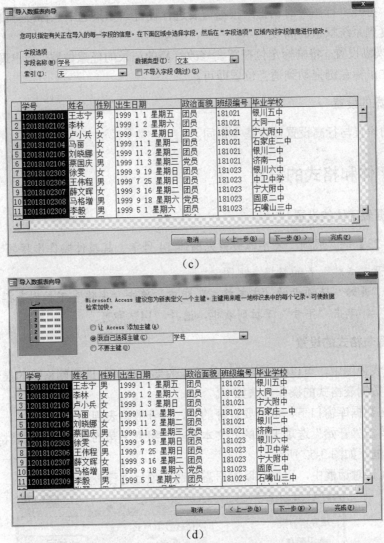

（c）

（d）

图 3-51 "导入数据表向导"对话框

3.6　数据表外观的设置

当创建好数据表后，在使用过程中可以根据实际需要设置数据表的外观样式，如行高、列宽、字体等，以美化数据表的显示效果。

3.6.1　行高和列宽的设置

1. 行高的设置

有两种方法可以达到设置行高的目的。

（1）精确设置。选择需要调节高度的行，右击鼠标，在弹出的快捷菜单中选择"行高"选项，打开"行高"对话框，根据需要进行设置。如果选中"标准行高"复选框，行高会恢复到系统默认的高度。

（2）模糊设置。将鼠标定位在需要修改行高的记录的任意位置，当出现上下双向箭头时，按住鼠标左键拖动到适当位置即可。

2．列宽的设置

列宽的设置与行高设置过程基本相同。

3.6.2　字体和格式的设置

1．数据表字体的设置

【例 3-23】把"成绩"表字体设置为楷体 14 号字。其具体操作步骤如下。

Step 01 打开"成绩"表的数据表视图。

Step 02 在"开始"选项卡的"文本格式"组中，单击"字体"下拉列表框，选择"楷体"，单击"字号"下拉列表框，选择"14"即可。

2．数据表格式的设置

在数据表视图中，可以改变单元格的显示效果，也可以选择网格线的显示方式和颜色等。设置数据表格式的操作方法如下。

（1）在数据库窗口下，双击要打开的表，打开数据表视图。

（2）单击"开始"选项卡中的"文本格式"组右下角的"设置数据表格式"按钮，打开该对话框，如图 3-52 所示。

（3）在该对话框中，用户可以根据需要选择项目进行设置。

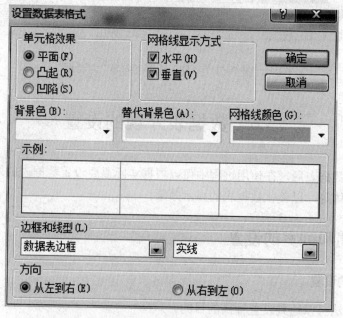

图 3-52　"设置数据表格式"对话框

3.6.3　列字段的设置

1. 隐藏列

在数据表视图中，有时为了查看表中的主要数据，可以把某些列暂时隐藏起来，需要时再将其显示出来。

【例 3-24】把"学生"表的"出生日期"字段隐藏起来。其具体操作步骤如下。

Step 01 在"教学管理数据库"中打开"学生"表。

Step 02 选中"出生日期"列，右击鼠标，在弹出的快捷菜单中选择"隐藏字段"选项，如图 3-53 所示。

如果要取消隐藏字段，则可以选中任意列，右击鼠标，在弹出的快捷菜单中选择"取消隐藏列"选项，在打开的对话框中，选择已经隐藏的列，然后单击"关闭"按钮即可，如图 3-54 所示。

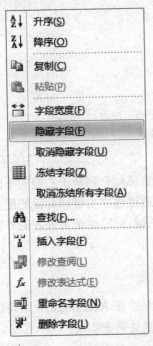

图 3-53　"隐藏字段"命令　　　　　　图 3-54　"取消隐藏列"对话框

2. 冻结列

在实际操作中，有时需要建立比较大的数据表，由于字段过多，在数据表视图中，无法看到所有的字段，可以通过冻结列解决这个问题。某些字段被冻结以后，无论怎样拖动水平滚动条，这些字段始终可见，并显示在窗口的最左边。

【例 3-25】把"学生"表的"姓名"字段冻结起来。其具体操作步骤如下。

Step 01 在"教学管理数据库"中打开"学生"表。

Step 02 选中"姓名"列，右击鼠标，在弹出的快捷菜单中选择"冻结字段"选项，如图 3-55 所示。

任何时候都可以取消对字段的冻结。方法是选中任意列，右击鼠标，在弹出的快捷菜单中选择"取消冻结所有字段"选项。

图 3-55　"冻结列"命令

3.7　表之间的关系

Access 是关系数据库管理系统。在关系数据库中，将信息划分到基于主题的不同表中，信息的组合是使用表关系来实现的。关系数据库中，通过建立主键和外键的配对提供了联接相关表的基础。这些配对的字段既是某个表中的主键,同时也是另外表的外键。

3.7.1　表之间的关系类型

表之间的关系分为 3 种：一对一、一对多和多对多关系。在 Access 2010 中可以直接建立一对一和一对多关系，而多对多关系需要通过一对多关系来实现。

1. 一对一关系

在一对一关系中，表 A 中的每条记录在表 B 中只能有一条记录与之匹配，同时，表 B 中的一条记录在表 A 中也只有一条匹配的记录。

2. 一对多关系

在一对多关系中，表 A 中的一条记录与表 B 中的一条或多条记录匹配，而表 B 中的一条记录在表 A 中只能有一条记录与之匹配。一对多关系是关系中最常用的类型。

例如，"学生"表和"成绩"表间的关系就是一对多的关系，"学生"表的一条记录在"成绩"表中可能有多条记录匹配，而"成绩"表中的一条记录只能与"学生"表中的一条记录对应。

3．多对多关系

在多对多关系中，表 A 中的一条记录与表 B 中的一条或多条记录匹配，而表 B 中的一条记录在表 A 中也可以有多条记录与之匹配。这种类型的关系只能通过第三表来实现，把第三表称为联结表。联结表的主键包括两个字段，即分别是 A 表和 B 表的主键。此时，一个多对多的关系转化为两对一对多的关系。

例如，"学生"表和"课程"表是多对多的关系，一个学生可以选修多门课程，每门课程也可以被多名学生选修。"学生"表和"课程"表分别与"成绩"建立一对多的关系，从而实现了两表之间的多对多关系。"成绩"表就是联结表，它的主键由"学号"和"课程号"两个字段组成。

3.7.2　建立表之间关系

创建表之间的关系就是根据两个表中含义相同并且数据类型相同的两个字段建立起联系。其中，两个相关联的字段名字可以不同，但是必须有相同的数据类型，特别地，当关联字段类型是"数字"字段时，还要求具有相同的"字段大小"属性设置。另外，如果主键字段类型是"自动编号"类型，那么，匹配字段类型可以是"数字"字段并且"字段大小"属性是"长整型"。

【例 3-26】在"教学管理数据库"中，建立"学生""课程""成绩"三表之间的关系。其具体操作步骤如下。

Step 01 打开"教学管理数据库"，在"数据库工具"选项卡的"关系"组中单击"关系"按钮，打开"关系"窗口。

Step 02 在"关系"窗口中右击鼠标，在弹出的快捷菜单中选择"显示表"选项，或在"关系工具"组中选择"关系"组的"显示表"按钮，打开"显示表"对话框，如图 3-56 所示。

Step 03 按下【Ctrl】键，分别选中"学生""课程"和"成绩"表，单击"添加"按钮，选中的三个表便被添加到"关系"窗口，如图 3-57 所示。

图 3-56　"显示表"对话框

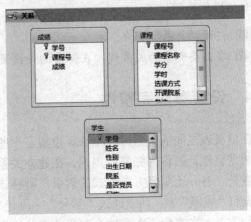

图 3-57　添加了表后的"关系"窗口

Step04 选中"学生"表的"学号"字段，按住鼠标左键拖动到"成绩"表的"学号"字段上，放开左键，弹出"编辑关系"对话框，如图 3-58 所示。

Step05 在"编辑关系"对话框中单击"创建"按钮，关闭对话框。

Step06 用同样的方法创建"课程"表和"成绩"表之间的关系。在关系窗口便可以看到表间关系的建立结果，如图 3-59 所示。

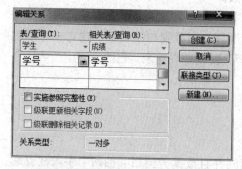

图 3-58 "编辑关系"对话框

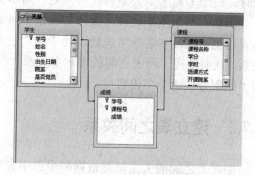

图 3-59 表间关系的建立结果

3.7.3 编辑表之间的关系

1. 修改关系

已经创建的关系是可以修改的。对关系进行编辑是在关系窗口完成的，具体操作步骤如下。

Step01 打开"关系"窗口。

Step02 双击关系线，或者用鼠标右击关系线，在快捷菜单中选择"编辑关系"选项。

Step03 在打开的"编辑关系"对话框中修改关系，单击"确定"按钮。

Step04 保存修改。

2. 删除关系

具体操作步骤如下。

Step01 打开"关系"窗口。

Step02 右击要删除的关系线，在弹出的快捷菜单中选择"删除"选项即可。

3.7.4 设置参照完整性

在定义表之间的关系时，Access 设置了一些规则以确保数据库中相关表中记录之间关系的完整性，被称为完整性规则。在建立关系的两个表中，如果建立关系的字段是主键或者是"有（无重复）"方式的索引，则称该表是主表，否则为相关表。例如，"学生"表和"成绩"表，两表通过"学号"字段建立关系，"学生"表是主表，而"成绩"表是相关表。实施参照完整性，对相关表的操作要遵循以下规则。

（1）不能将主表中没有的键值添加到相关表中。例如，在"成绩"表中不能存在"学生"表中没有学号的学生成绩。

（2）不能在相关表中存在匹配记录时删除主表中的记录。例如，在"学生"表中不能删除有成绩的学生记录。

（3）不能在相关表中存在匹配记录时更改主表中主键的值。

也就是说，实施了参照完整性后，对表中主关键字字段进行操作时，系统会自动检查主关键字字段，看看该字段是否被添加、修改或删除。如果对主关键字的修改违背了参照完整性规则，那么系统会自动强制执行参照完整性。

【例 3-27】在"教学管理数据库"中，设置"学生"表与"成绩"表之间的参照完整性。其具体操作步骤如下。

Step 01 在打开的"教学管理数据库"中打开"关系"窗口。

Step 02 右击"学生"表与"成绩"表之间的关系线，打开"编辑关系"对话框。

Step 03 选中"实施参照完整性"复选框，单击"确定"按钮关闭对话框，如图 3-60 所示。

Step 04 在"关系"窗口可以看到实施了"参照完整性"后的关系线，在主表"学生"一方显示"1"，在相关表"成绩"一方显示"∞"，表示一对多关系，如图 3-61 所示。

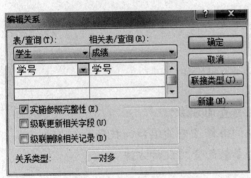

图 3-60　"编辑关系"对话框

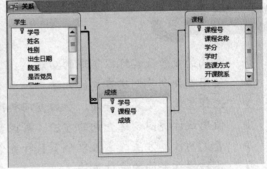

图 3-61　"参照完整性"的设置效果

第4章 查询的创建与使用

本章导读

数据库中存放着大量的数据，而这些数据通常是按照不同的主题存放在不同的表中，每个表只包含同一主题的数据，这样做方便数据的存放以及节省了存储空间。但是这样查看数据会变得很复杂，而查询作为 Access 数据库的重要对象之一，利用查询功能可以从表中按照一定的条件取出特定的数据，在取出数据的同时可以对数据进行统计、分析和计算，还可以根据需要对数据进行排序并显示出来，即查询可将分散在不同表中的数据按照一定条件集中起来，形成一个数据记录集合。利用查询还可以修改、删除、添加数据，并对数据进行计算。

本章知识点

➢ 查询的概念及其可以实现的功能
➢ 使用查询向导创建查询的方法
➢ 选择查询、交叉表查询、参数查询和操作查询方法
➢ 使用设计视图创建查询的方法，掌握查询条件及查询编辑的技巧
➢ 查询的计算方法，掌握单个参数和多个参数的查询设计方法
➢ 各种操作查询的设计方法

重点与难点

➲ 熟练掌握使用设计视图创建查询的方法，掌握查询条件及查询编辑的技巧
➲ 掌握查询的计算方法，掌握单个参数和多个参数的查询设计方法
➲ 掌握各种操作查询的设计方法

4.1 查询的基本知识

4.1.1 查询的功能

查询就是根据给定的条件从数据库中的一个表或多个表中找到符合该条件的记录，实际上是将分散的数据按一定的条件重新组织起来，形成一个动态的数据集，这个表从

形式上很像一个表，但是实质上完全不同，这个临时表并没有存储在数据库中。查询的结果可以作为窗体、报表和数据的来源，也可以在查询的基础上再设置条件进行查询。通过查询还可以直接编辑数据库中的数据。查询的主要功能有以下几个方面。

1．整合数据

查询可以从一个表或者多个表中重新组合或者检索出用户需要的有用的数据，可以让用户快速的找到感兴趣的数据，将当前不需要的数据排除在外，提高工作的效率。

2．数据更新

利用查询可以将生成表，可以更新、删除数据源中的数据，也可以为数据源表追加数据。

3．实现计算

可以通过查询对数据进行统计、计算以及分析。例如统计季度销售量，计算得到各部门的平均销售量，分析计算结果并对营销手段进行适当的调整。得到的计算结果可以建立新的字段来保存计算结果，大大简化处理工作，用户不需要再在原始的数据上进行操作，提高了数据库的整体性能。

4．作为其他对象的数据源

查询得到的动态数据集，可以保存为数据集合，查询的结果可以作为窗体、报表等对象的数据源，实现以多个数据表为数据源。

4.1.2　查询的类型

在 Access 2010 中，查询共有选择查询、参数查询、交叉表查询、操作查询和 SQL 查询等 5 种类型。

1．选择查询

选择查询是比较常见的查询方式，它可以从一个或多个表中提取数据，使用选择查询对数据进行分组、求平均值、计数以及其他运算。

2．参数查询

参数查询指通过利用弹出对话框的形式，询问用户查询数据的条件，从而实现一种交互式的查询方式，这种查询方式更加的灵活。例如，查询某个部门的本季度销售量并显示出来，如果输入另外一个部门名称，则会显示相应部门的销售报表。这种查询方式增加了可变化的参数，可以更便捷地查询有用的数据。将参数查询作为窗体或报表的数据源，可很方便地显示和打印所需要的信息。

3．交叉表查询

交叉表查询可以计算并重新组织数据的结构，更加方便地分析数据。

4．操作查询

操作查询与选择查询相似，都需指定查找记录的条件，但选择查询是检索符合条件的一组记录，而执行操作查询是对表中的记录进行修改的。操作查询可以分为以下 4 种。

（1）删除查询：从一个或多个表中删除一组记录。

（2）追加查询：将一组记录添加到一个或多个表的尾部。运行结果是向相关表中自动添加记录，增加表的记录数。

（3）更新查询：根据指定条件对一个或多个表中的记录进行更改。使用更新查询可以更改现有表中的数据。

（4）生成表查询：利用一个或多个表中的全部或部分数据创建新表。

5．SQL 查询

SQL 查询是指使用 SQL 语句创建查询，这种语言被所有的数据库管理系统所支持。在查询的设计视图中创建查询时，Access 在后台构造等价的 SQL 语句。

4.1.3 查询视图

在 Access 2010 中，查询共有五种视图，分别是设计视图、数据表视图、SQL 视图、数据透视表视图和数据透视图视图。在"视图"按钮下点击下拉菜单，可以看到查询视图命令如图 4-1 所示。

1．数据视图

数据表视图看起来很像 Excel 表格，但是它们之间又有本质的区别。数据视图用于查看查询运行的结果，查询得到的动态数据集如图 4-2 所示。

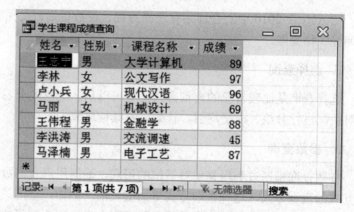

图 4-1　查询的 5 种视图　　　　　　　　图 4-2　查询数据表视图

在查询数据表中的记录时无法删除或者加入列，并且不能修改查询的字段名，是因为查询所生成的表示动态生成的表，是表中数据的一个映像，并不是真正的数据，也就是说这些值只是查询的结果。

2．数据透视表视图和数据透视图视图

数据透视表视图是指用于汇总并分析或查询数据的视图，而数据透视图则以各种图

形方式来显示表或查询中数据的分析和汇总，从而得到更加直观的分析结果。

3．SQL 视图

SQL 视图指查看以及编辑 SQL 语句的窗口，通过该窗口可以查看用设计视图创建的查询所产生的 SQL 语句，也可以利用 SQL 语句进行编辑和修改。即通过 SQL 视图可以编写 SQL 语句完成一些特殊的查询，如图 4-3 所示。

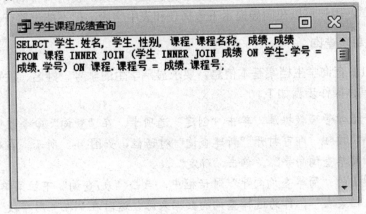

图 4-3　查询 SQL 视图

4．设计视图

查询的设计视图就是查询的设计器，通过该视图可以设计除 SQL 查询之外的任何类型的查询，如图 4-4 所示。

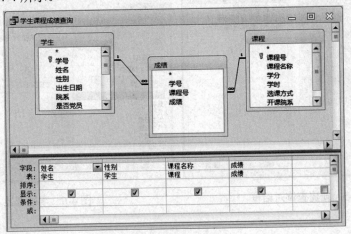

图 4-4　查询设计视图

4.2　选择查询的创建

选择查询是最常见的查询类型，即根据指定条件，从一个或多个数据源中获取数据并显示结果。也对记录进行分组，并且对分组的记录进行总计、计数、平均以及其他类型的计算。在 Access 2010 中，创建查询的方式包括查询向导和设计视图两种。

4.2.1 使用简单向导查询

使用"简单查询向导"创建查询，可以从一个或多个数据源中获取数据并显示结果。如果查询中的字段来自多个表，这些表应事先建立好关系。使用"查询向导"命令创建查询比较简单，用户可以在向导提示下选择表和表中字段，但不能设置查询条件。

1. 建立单表查询

【例 4-1】查询学生档案基本信息，要求显示学生的学号、姓名、性别、毕业院校等信息。其具体操作步骤如下。

Step 01 打开教学管理数据库，单击"创建"选项卡，在"查询"命令组中单击"查询向导"按钮，即可打开"新建查询"对话框，如图 4-5 所示，在对话框左侧选择"简单查询向导"，单击"确定"。

Step 02 在弹出的"简单查询向导"对话框中，点击"表/查询"下拉菜单中选择"表：学生档案表"，作为选择查询的数据来源。这时在"在可用字段"列表框中显示表中所有的字段，例如双击"学号"字段即可添加到"选定字段"列表框中，以此类推分别将"学号""姓名""性别""毕业院校"，操作结果如图 4-6所示。

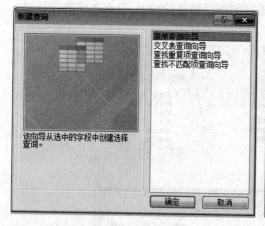

图 4-5 新建查询对话框

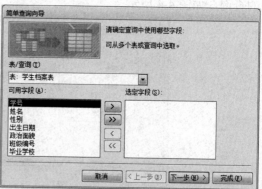

图 4-6 字段选定

Step 03 在如图 4-7 所示的对话框中文本编辑框中输入查明的名称"学生档案信息查询"，选中"打开查询查看信息"按钮，单击"完成"按钮。查询结果如图 4-8 所示。

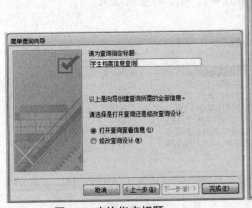

图 4-7　查询指定标题

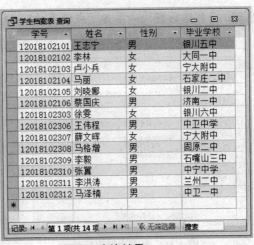

图 4-8　查询结果

2. 建立多表查询

当所需要的数据来自于多张表时就创建多表查询，建立多表查询就必须要有关联字段，并且要通过这些字段建立表间的联系。

【例 4-2】查询显示每位学生的各个科目的考试成绩以及考试科目的具体名称。即要求显示"学号""姓名""课程名称"和"成绩"，这些字段分别来自"课程表""学生表""成绩表"，这三个表已经建立了联系。

具体操作步骤如下。

Step 01 打开"教学管理"数据库，在"创建"选项卡"查询"组中，单击"查询向导"按钮，打开"新建查询"对话框，选择"简单查询向导"，选择"确定"按钮，打开"简单查询向导"窗口。

Step 02 在"简单查询向导"窗口中，在"表/查询"下拉菜单中选择"表: 学生"，则显示"学生"表中所有的字段，通过选中字段，点击">"将相应字段添加到"选定字段"中。依次选择"学号""姓名"字段。

Step 03 同理，将"课程"表、"成绩"表中的"课程名称""成绩"添加到"选定字段"中，如图 4-9 所示。

Step 04 点击"下一步"，选择"明细（显示每个记录的每个字段）"按钮，如图 4-10 所示，点击"下一步"按钮。

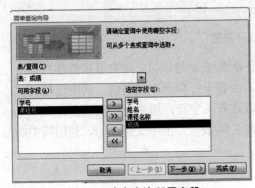

图 4-9　确定查询所用字段

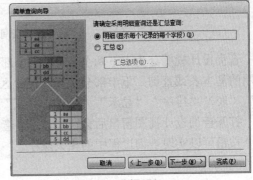

图 4-10　选择明细

Step 05 将新建的查询命名为"成绩查询",选择"打开查询查看信息"按钮,如图 4-11 所示,点击"完成"按钮,即可显示如图 4-12 所示的查询结果。

图 4-11　为查询指定标题

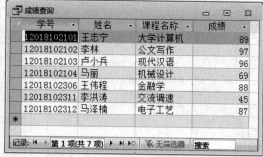

图 4-12　查询结果

4.2.2　使用"查询设计"命令创建选择查询

使用"查询设计"命令是建立和修改查询的最主要方法,在设计视图中由用户自主设计查询比采用"查询向导"命令创建查询更加灵活。在查询设计视图中,既可以创建不带条件的查询,也可以创建带条件的查询,还可以对已建查询进行修改。

打开查询设计视图的方法是:单击"创建"选项卡下"查询"组中的"查询设计"按钮,打开如图 4-13 所示的查询设计视图。

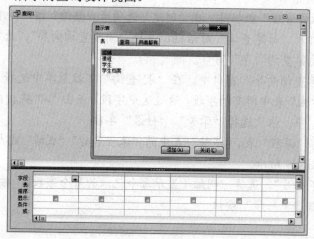

图 4-13　查询设计视图

查询设计视图分为上下两个部分,上半部分是表/查询显示区,用来显示创建查询所使用的基本表或查询;下半部分是查询设计区,由若干行和若干列组成,其中包括"字段""表""排序""显示""条件""或"以及若干空行,用来指定查询条件。

打开查询设计视图窗口后会自动显示"查询工具/设计"上下文选项卡,利用其中的命令按钮可以实现查询过程中的相关操作。

1．创建无条件查询

【例 4-3】使用查询设计视图创建"成绩查询"，具体查询内容及显示字段如例 4-2 所示。其具体操作步骤如下。

Step 01 打开"教学管理"数据库，在"创建"选项卡"查询"组中，点击"查询设计"按钮，即可打开"显示表"窗口和"查询设计"窗口。

Step 02 在"显示表"窗口选择"表"选项卡，选中"学生"表后单击"添加"按钮，将"学生"表添加到查询设计视图上半部分区域中，同理分别添加"课程"表和"成绩"表，关闭"显示表"对话框，进入查询设计视图窗口，如图 4-14 所示。

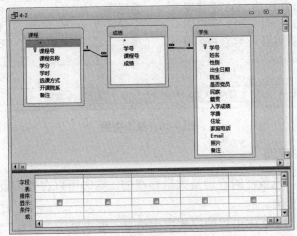

图 4-14　多表查询设计视图

Step 03 在查询设计视图窗口的"字段"栏中添加所需的字段，可以双击表中的某个字段，或单击表中的某个字段，然后拖到"字段"栏中，也可单击"字段"栏下拉列表按钮，在下拉列表中选择相应的目标字段，该字段将出现在"字段"栏中。将"学生"表中的"学号""姓名"字段，"课程"表的"课程名称"，"成绩"表中的成绩字段，添加到"字段"行中，如图 4-15 所示。

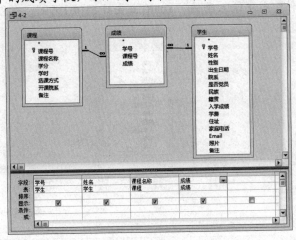

图 4-15　查询设计视图选择字段

Step **04** 单击快速访问工具栏上的"保存"按钮,打开"另存为"对话框,在"查询名称"文本框中输入"学生成绩查询"。单击"确定"按钮,即可生成一个新的查询。

Step **05** 点击"运行"按钮或切换视图,即可看到查询结果,如图 4-16 所示。

学号	姓名	课程名称	成绩
12018102101	王志宁	大学计算机	89
12018102102	李林	公文写作	97
12018102103	卢小兵	现代汉语	96
12018102104	马丽	机械设计	69
12018102306	王伟程	金融学	88
12018102311	李洪涛	交流调速	45
12018102312	马泽楠	电子工艺	87

图 4-16 查询结果

2. 创建带条件查询

在查询操作中,带条件的查询是大量存在的,这时可以在查询设计视图中设置条件来来创建带条件的查询。

【例 4-4】查询 1990 年出生的汉族男生信息,要求显示"学号""姓名""性别""民族""出生日期"字段,且出生日期按降序排序。其具体操作步骤如下。

Step **01** 打开"教学管理"数据库,单击"创建"选项卡,在"查询"命令组中点击"查询设计"按钮,打开查询设计视图,在"显示表"窗口中将"学生"表添加到字段列表区中。

Step **02** 分别添加"学号""姓名""性别""民族""出生日期"字段。

Step **03** 按要求:"性别"字段列的"条件"行中输入条件"男",在"出生日期"字段列的"条件"行中输入条件"Year([出生日期])=1999",如图 4-17 所示。

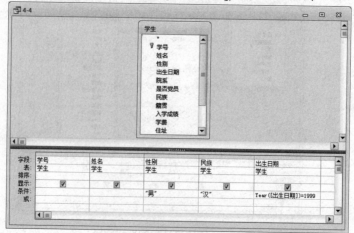

图 4-17 查询设计视图

Step 04 保存查询，并命名查询名称，点击"确定"。

Step 05 运行该查询，或切换数据表视图，查询结果如图4-18所示。

学号	姓名	性别	民族	出生日期
12018102101	王志宁	男	汉	1999/1/1 Friday
12018102106	蔡国庆	男	汉	1999/11/3 Wednesday
12018102306	王伟程	男	汉	1999/7/25 Sunday
12018102309	李毅	男	汉	1999/5/1 Saturday
12018102310	张翼	男	汉	1999/9/13 Monday
12018102311	李洪涛	男	汉	1999/9/4 Saturday

记录: ◄ 第1项(共6项) ► ►► ►* 无筛选器 搜索

图4-18 查询结果

【例4-5】查询党员的学生，或入学成绩大于等于500分的男生，显示"姓名""性别""成绩"字段。其具体操作步骤如下。

Step 01 打开"教学管理"数据库，单击"创建"选项卡，在"查询"命令组中点击"查询设计"按钮，打开查询设计视图，在"显示表"窗口中将"学生"表添加到字段列表区中。

Step 02 分别添加"姓名""性别""成绩""是否党员"字段。

Step 03 查询结果中不显示"是否党员"字段，但是查询条件需要使用该字段，因此在"是否党员"字段的"显示"行，单击复选框，使其变为空白。

Step 04 按要求："是否党员"字段列的"条件"行中输入条件"yes"，在"性别"字段列的"或"行中输入条件"男"，在"入学成绩"字段列的"或"行中输入条件">=500"，如图4-19所示。

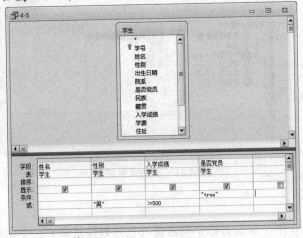

图4-19 查询设计视图

Step 05 保存查询，并命名查询名称，点击"确定"。

Step 06 运行该查询，或切换数据表视图，查询结果如图4-20所示。

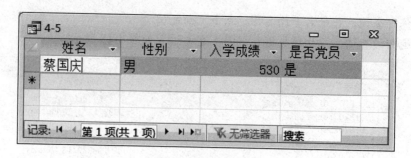

图 4-20　查询结果

4.2.3　查询条件

在实际的查询过程中，往往需要设置查询的条件。如例题 4-4、例题 4-5 操作步骤中，都设置了查询条件。查询条件是指在创建查询时，为了查询所需要的记录，通过对字段添加限制条件，使查询结果中只包含满足条件的数据。

在 Access 2010 中，为查询设置条件，要打开查询的设计视图，在要设置条件的字段的"条件"单元格中输入表达式，或使用"表达式生成器"输入条件表达式。要打开"表达式生成器"，可以在"条件"单元格中单击鼠标右键，在快捷菜单中选择"生成器"选项，或直接单击工具栏中的"生成器"按钮，即可打开如图 4-21 所示的"表达式生成器"对话框。

在 Access 的许多操作中都需要使用表达式。表达式就是运算符、常量、函数和字段名称、控件和属性的任意组合，计算结果为单个值。

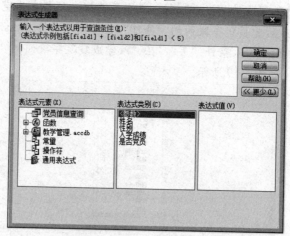

图 4-21　表达式生成器

1. 常量

在 Access 2010 中，常量有数字型常量（也称数值常量）、文本型常量（也称字符型常量或字符串常量）、日期/时间型常量（也称逻辑型常量），不同类型的常量有不同的表示方式。

➢ **数字型常量：** 如成绩 "98" "61" 等。

➢ **文本型常量：** 如"文法外语系""信息与计算机科学系"等，可使用"*"和"？"通配符。

➢ **日期型常量：** 如入学日期#2019-9-1#。

➢ **是否型：** 真为 true/on/yes，假为 false/off/no。例如查询是否是团员。

➢ **空值 is null、非空值 is not null：** 例如，在"住址"字段的命令行输入"Is Null"表示查找该字段值为空的记录，如果输入"Is Not Null"表示查找该字段不为空的记录。

2．Access 2010 的常用函数

Access 2010 提供了大量的标准函数，这些函数为更好地表示查询条件提供了方便，也为进行数据的统计、计算和处理提供了有效的方法。如表 4-1～表 4-4 所示，列举了一些常见的函数。

表 4-1　常用的数值函数

函数	功能
Abs（数值表达式）	返回数值表达式值的绝对值
Int（数值表达式）	返回数值表达式值的整数部分
Sqr（数值表达式）	返回数值表达式值的平方根
Sgn（数值表达式）	返回数值表达式值的符号值
Sin（数值表达式）	返回"数值表达式"的正弦值
Cos（数值表达式）	返回"数值表达式"的余弦值
Tan（数值表达式）	返回"数值表达式"的正切值
Exp（数值表达式）	返回"数值表达式"的值作为指数 x，返回 ex 的值
Log（数值表达式）	返回"数值表达式"的自然对数值

表 4-2　常用的日期时间函数

函数	功能
Now（）	返回系统当前的日期时间
Date（）	返回系统当前的日期
Time（）	返回系统当前的时间
Day（日期表达式）	返回日期中的日
Month（日期表达式）	返回日期中的月份
Year（日期表达式）	返回日期中的年份
Hour（日期时间表达式）	返回日期时间的小时（按 24 小时制）
Minute（日期时间表达式）	返回日期时间的分钟部分
Second（日期时间表达式）	返回日期时间的秒数部分
WeekDay（日期时间表达式）	返回日期的当前日期（星期天为 1，星期一为 2…，星期六为 7）

表 4-3 条件函数

函数	功能
IIf（逻辑表达式，表达式 1，表达式 2）	如果"逻辑表达式"的值为"真"，取"表达式 1"的值为函数值，否则取"表达式 2"的值为函数值。例如，IIf（7>5,"AAA","BBB"）返回"AAA"

表 4-4 常用字符函数

函数	功能
Asc（字符表达式）	返回"字符表达式"首字符的 ASCII 码值。例如，Asc("A")返回 65
Chr（字符的 ASCII 码值）	将 ASCII 码值转换成字符
Left（字符表达式，数值表达式）	从"字符表达式"的左边截取若干个字符，字符的个数由"数值表达式"的值确定。
Right（字符表达式，数值表达式）	从"字符表达式"的右边截取若干个字符，字符的个数由"数值表达式"的值确定。
Mid（字符表达式，数值表达式 1，数值表达式 2）	从"字符表达式"的某个字符开始截取若干个字符，字符的个数由"数值表达式"的值确定。
Format（表达式，[格式串]）	对"表达式"的值进行格式化。

对表进行查询时，常常要表达各种条件，对于满足条件的数据筛选出来进行查看，此时就要综合 Access 2010 中各种数据对象的表示方法，写出条件表达式。表 4-5 列举了查询条件的常见示例。

表 4-5 查询条件示例

字段名	条件	功能
籍贯	"宁夏"or"内蒙古"	查询来自于宁夏或内蒙古的学生的记录
	in（"宁夏"，"内蒙古"）	
姓名	Like"刘*"	查询姓"刘"的学生的记录
	Left([姓名],1)="刘"	
	Mid([姓名],1,1)="刘"	
	InStr([姓名],"刘")=1	
出生日期	Date()-[出生日期]<=20*365	查询 20 岁以下学生的记录
	Tear(Date())-Year([出生日期])<=20	
出生日期	Year([出生日期])=1992	查询 1992 年出生的学生的记录
	Between#1992-1-1#And#1992-12-31#	
是否奖学金	Not[是否党员]	查询不是党员的学生记录
入学成绩	>=560And<=650	查询入学成绩为 560～650 的记录
	Betwween 560 And 650	

4.2.4　编辑查询

如果用户的需求没有得到充足的满足，可以通过修改查询来满足要求。在查询的设计视图中，可以再原有的查询上进行增加、删除字段，也可以通过移动字段改变字段顺序。鼠标右击需要修改的查询打开设计视图，即可进入查询设计视图编辑、修改查询。

1．增加字段

当需要在查询中增加新的字段，双击所需增加字段或在网格区添加新的字段。若要增加多个字段可按住【Ctrl】键连续选取多个字段，然后直接用鼠标拖到需要添加的字段单元格上。

2．删除字段

在查询设计视图的设计网格中，单击要删除的字段列，或按住【Ctrl】键连续选取多个需要删除的字段，按【Delete】键或者单击"查询工具/设计"选项卡中"查询设置"组中的"删除列"按钮。

3．修改字段

在查询设计视图的设计网格中，右击需要修改的字段列，打开如图 4-22 所示的快捷菜单，选择"属性"选项，或者单击"显示/隐藏"组中的"属性表"按钮，系统将弹出"属性表"面板，如图 4-23 所示。在"常规"选项卡的"标题"栏中可输入新的字段标题，对于计算字段要设置保留小数点后若干位，可在"格式"栏的下拉列表框中选择"固定"，在"小数位数"下拉框中选择需要保留的位数。

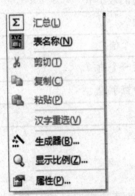

图 4-22　字段快捷菜单

图 4-23　字段属性对话框

4．移动字段

在查询设计视图的设计网格中，选中要移动的一个或多个字段，左击拖动到合适的位置松开鼠标即可。

5．调整设计网格的列宽

在查询设计视图的设计网格中，将鼠标移动到需要调整列宽的字段右边框线上，这时鼠标指针变为双箭头状，按下鼠标左键左右拖动，即可将列宽调整到合适位置。也可双击鼠标，系统会自动调整该字段列宽。

4.3　在查询中进行计算

在查询中还可以对数据进行计算，从而生成新的查询数据。常见的计算有总计、最大值、最小值、平均值等。

4.3.1　查询中的计算功能

在 Access 2010 查询中，可以执行两种类型的计算：预定义计算和自定义计算。

预定义计算是系统提供的用于对查询结果中的记录组或全部记录进行的计算。单击"查询工具/设计"上下文选项卡，再在"显示/隐藏"命令组中单击"汇总"命令按钮，可以在涉及网格中显示出"总计"行。对设计网格中的每个字段，都可在"总计"行中选择所需选项来对查询中的全部记录进行计算。"总计"行中有 12 个选项，其名称和作用如表 4-6 所示。

表 4-6　查询中的常用计算

计算名	功能
合计	计算一组记录中某个字段值的总和
平均值	计算一组记录中某个字段值的平均值
最大值	计算一组记录中某个字段值的最大值
最小值	计算一组记录中某个字段值的最小值
计数	计算一组记录中记录的个数
First	一组记录中某个字段的第一个值
Last	一组记录中某个字段的最后一个值
Expression	创建一个由表达式产生的计算字段
Where	设定分组条件以便选择记录

4.3.2　总计查询

使用查询设计视图中的"总计"行，可以对查询中的全部记录或记录组计算一个或多个字段的统计值。

【例 4-6】统计学生的入学成绩，包括最高成绩、最低成绩、平均成绩，并统计学生人数。其具体操作步骤如下。

Step 01　打开"教学管理"数据库，单击"创建"选项卡，在"查询"命令组中单击"查询设计"按钮，打开查询设计视图窗口，并在"显示表"窗口将"学生"表添加到字段列表区。

Step 02 在查询设计视图窗口的"字段"栏中添加 3 个"入学成绩"字段以及 1 个"学号"字段。单击"设计"选项卡下"显示/隐藏"的"汇总Σ"按钮，此时在设计视图窗口下半部分多了一个"总计"行。在"学号"字段下的"总计"行选择"总计"，在第一个"入学成绩"字段下选择最大值，在第二个"入学成绩"字段下选择最小值，在第三个"入学成绩"字段下选择平均值，如图 4-24 所示。

图 4-24　查询设计视图

Step 03 保存查询，查询名为"学生人数及入学成绩查询"，然后单击"确定"按钮。

Step 04 运行查询，或者切换到数据表视图，查询结果如图 4-25 所示。

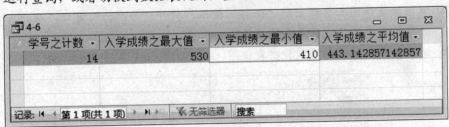

图 4-25　查询结果

4.3.3　分组总计查询

在实际应用过程中，有时候需要对查询的数据进行分组统计，使得查询的数据更加清晰明了。所谓的分组，指的就是在查询设计窗口中指定其中一个字段为分组字段，将该字段按照字段值进行分类统计，将该字段值相同的所有记录组合在一起。

【例 4-7】按照籍贯分类查询学生的入学成绩，即查询各个籍贯的学生的平均入学成绩、最高成绩和最低成绩。其具体操作步骤如下。

Step 01 打开"教学管理"数据库，在"创建"选项卡"查询"组中，单击"查询设计"按钮，同时打开查询设计视图窗口和"显示表"窗口。

Step 02 在"显示表"窗口选择"表"选项卡，将"学生"表添加到查询设计窗口，关闭"显示表"窗口。

Step 03 在查询设计视图窗口的"字段"栏中添加"籍贯"和 3 个"入学成绩"字段，点击"设计"选项卡下"显示/隐藏"的"汇总∑"按钮，在"籍贯"字段对应的"总计"行中选择"Group by"，即进行分组查询，在第一个"入学成绩"对应的"总计"行中选择"平均值"，在第二个"入学成绩"对应的"总计"行中选择"最大值"，在第三个"入学成绩"对应的"总计"行中选择"最小值"，并在三个"入学成绩"字段前边分别输入："平均分："、"最高分："、"最低分："，如图 4-26 所示。

图 4-26　查询设计视图

Step 04 单击快速访问工具栏上的"保存"按钮，打开"另存为"窗口，在此窗口中输入查询名称"各地区平成绩查询"，单击"确定"按钮。

Step 05 运行查询，或者切换到数据表视图，查询结果如图 4-27 所示。

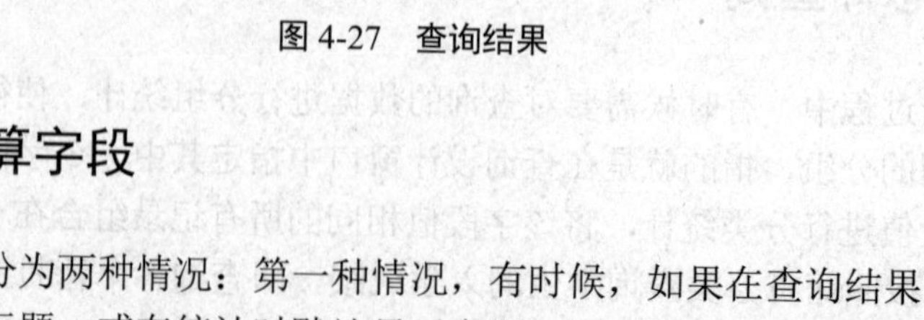

图 4-27　查询结果

4.3.4　添加计算字段

添加计算字段分为两种情况：第一种情况，有时候，如果在查询结果中直接显示字段名作为每一列的标题，或在统计时默认显示字段，标题往往不太直观，例如"是否有奖学金"字段名，如果只用复选框，显然含义不够清晰，此时，可以增加一个新字段，使其显示更加清楚；第二种情况，当需要统计的数据在表中没有相应的字段，或者用于计算的数据值来源于多个字段时，应在设计网格中添加一个计算字段。计算字段是指根据一个或多个表中的一个或多个字段并使用表达式建立的新字段。新字段的值使用表达式计算得到称为计算字段。

【例 4-8】将"是否党员"的显示方式改为"是"和"否",要求显示"姓名""性别""有否党员"。其具体操作步骤如下。

Step 01 打开"教学管理"数据库,在"创建"选项卡"查询"组中单击"查询设计"按钮,同时打开查询设计视图窗口和"显示表"窗口,在弹出的"显示表"窗口中选择"表"选项卡,将"学生"表添加到查询设计窗口,关闭"显示表"窗口。

Step 02 在查询设计视图窗口的"字段"栏中添加"姓名","性别"字段,并在设计网格的第三列"字段"单元格中输入:是否党员:IIF([是否党员],"是","否"),如图 4-28 所示。

Step 03 单击快速访问工具栏上的"保存"按钮,打开"另存为"窗口,在此窗口中输入查询名称"学生奖学金情况查询",单击"确定"按钮。

Step 04 运行查询,或者切换到数据表视图,查询结果如图 4-29 所示。

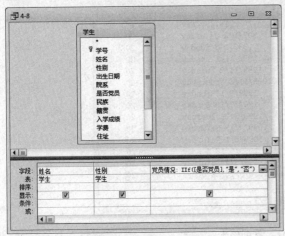

图 4-28　查询设计视图　　　　图 4-29　查询结果

【例 4-9】计算学生的年龄,要求显示每个学生的"学号""姓名""出生日期"和"年龄"。其具体操作步骤如下。

Step 01 打开"教学管理"数据库,在"创建"选项卡"查询"组中,单击"查询设计"按钮。同时打开查询设计视图窗口和"显示表"窗口。在弹出的"显示表"窗口中选择"表"选项卡,将"学生"表添加到查询设计窗口,关闭"显示表"窗口。

Step 02 在查询设计视图窗口的"字段"栏中添加"学号""姓名"和"出生日期"字段,并在设计网格的第四列"字段"单元格中输入:年龄:year(date())-year([出生日期]),如图 4-30 所示。

Step 03 单击快速访问工具栏上的"保存"按钮,打开"另存为"窗口,在此窗口中输入查询名称"学生年龄查询",单击"确定"按钮。

Step 04 运行查询,或者切换到数据表视图,查询结果如图 4-31 所示。

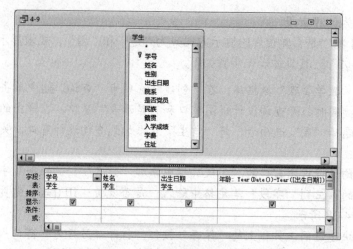

图 4-30 年龄字段的添加

图 4-31 查询结果

4.4 其他查询的设计

Access 2010 根据对数据源操作方式和操作结果的不同，可以把查询分为五种类型，分别是选择查询、交叉表查询、参数查询、操作查询和 SQL 查询。处理选择查询以外，还有如交叉表查询、参数查询、操作查询等。

4.4.1 交叉表查询

使用交叉表查询,可以计算并重新组织数据的结构,这样可以更加方便地分析数据,交叉表查询可以分类对记录数据做合计、平均值、计数等计算,这些数据可分为两类信息, 一类在数据表左侧排列,另一类在数据表顶端。

1. 使用向导创建交叉表查询

【例 4-10】在"教学管理"数据库中，对"学生"表创建交叉表查询，计算各班级的男女学生人数。其具体操作步骤如下。

Step 01 打开"教学管理"数据库中，单击"创建"选项卡的"查询"组上的"查询向导"按钮，弹出"新建查询"窗口，单击"交叉表查询向导"，单击"确定"按钮，显示出"交叉表查询向导"窗口。

Step 02 在"交叉表查询向导"窗口中，单击"视图"框中的"表"按钮。在上方的表名列表中选择"表：学生"，如图 4-32 所示。

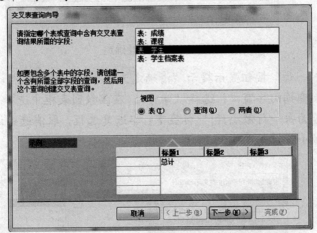

图 4-32　交叉表查询向导

Step 03 单击"下一步"按钮，显示提示"请确定用哪些字段的值作为列标题"的"交叉表查询向导"窗口。在该窗口中"可用字段"列表框中，单击"院系"，并单击按钮">"，便把"院系"字段从"可用字段"的列表框移到"选定字段"列表框，如图 4-33 所示。

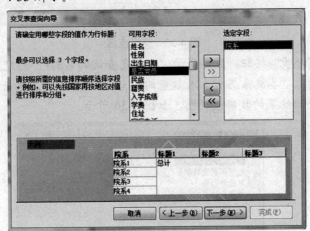

图 4-33　行标题确定

Step 04 单击"下一步"按钮显示提示"请确定用哪个字段的值作为列标题："的交叉表查询向导窗口，在字段列表框中单击性别，如图 4-34 所示

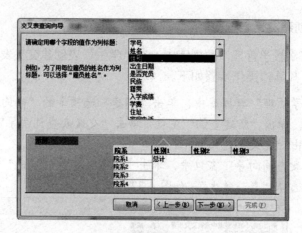

图 4-34　列标题确定

Step 05　单击"下一步"按钮显示提示"请确定为每个列和行交叉点计算出什么数字:"
的交叉表查询向导窗口，选择"学号"，在函数列表框中选择"count"。在"请
确定是否为每一行做小计:"标签下，单选复选框，取消选中该复选框，即不为
每一行做小记，如图 4-35 所示

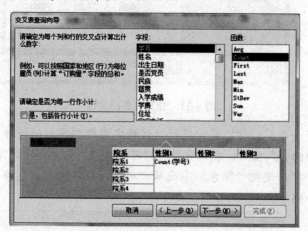

图 4-35　交叉点值

Step 06　单击"下一步"按钮，显示提示"请指定查询的名称:"的交叉表查询向导对话
框中。输入"各院系男女生人数查询"，其他设置不变。单击"完成"按钮，显
示出该查询结果的数据表视图，如图 4-36 所示

院系	男	女
工程与应用科学系	1	2
经济与管理科学系	3	1
文法外语系	1	3
信息与计算机科学系	3	

图 4-36　查询结果

2. 使用设计视图创建交叉表查询

【例 4-11】在"教学管理"数据库中，建立学生与课程成绩交叉表查询，统计每名学生选修课程的成绩。其具体操作步骤如下。

Step 01 打开"教学管理"数据库，在"创建"选项卡"查询"组中，单击"查询设计"按钮。同时打开查询设计视图窗口和"显示表"窗口。在弹出的"显示表"窗口选择"表"选项卡，将"学生"表、"课程"表、"成绩"表添加到查询设计窗口，关闭"显示表"窗口。

Step 02 在查询设计视图窗口"字段"栏中，将"学生"表中"姓名"字段、"课程"表中的"课程名称"字段，"成绩"表中"成绩"字段，添加到"字段"行中。

Step 03 在查询设计工具选项卡中，单击"查询类型"组中的"交叉表"按钮，此时查询设计区中的"显示"行变成了"交叉表"行，"交叉表"行用来设计字段的排放位置，主要有 4 种："行标题""列标题""值"和"不显示"。

Step 04 将"姓名"字段的"交叉表"行设置为"行标题"，"总计"行设置为"Group By"，将"课程名称"字段的"交叉表"行设置为"列标题"，"总计"行设置为"Group By"，将"成绩"字段的"交叉表"行设置为"值"，"总计"行设置为"First"，设置后选项如图 4-37 所示。

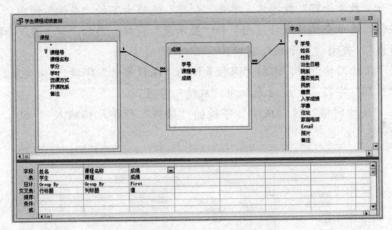

图 4-37　交叉表查询设计视图

Step 05 设计完毕后，可以选择数据表视图预览结果，也可以单击工具栏上的"运行"按钮运行查询，显示查询结果，如图 4-38 所示。

图 4-38　查询结果

4.4.2 参数查询

参数查询是一种增加互动的查询方式，这是一种可以重复使用的查询，每次使用都可以改变其查询条件，每当运行一个参数查询时，Access 2010 都会显示一个对话框，提示用户输入新的数据。将参数查询作为窗体和报表的数据源是非常方便的。例如，学校图书馆借阅书系统，每次都需要用户输入不同的书名，根据书名进行查询，这种查询可以进行多次，并且是人机互动的形式的查询方式。

设置参数查询在很多方面类似于设置选择查询。可以使用简单查询向导，先从要包括的表和字段开始设置，然后再查询设计视图中添加查询条件，也可以直接在查询设计视图中设置表、字段和查询条件。

参数查询的参数设置，可以创建一个单参数查询，也可以创建多参数查询。

1．单参数查询

【例 4-12】在"教学管理"数据库中，创建一个单参数查询，根据提示输入某个课程，检索出选修该课程的所有不及格学生的成绩，要求显示"课程名称""姓名""性别""成绩"。其具体操作步骤如下。

Step 01 打开"教学管理"数据库，单击"创建"选项卡下的"查询"组中"查询设计"按钮，显示查询"设计视图"和"显示表"窗口，添加"学生表""课程表""成绩表"，关闭"显示表"窗口。

Step 02 在"设计网格"中，添加"课程表"的"课程名称"字段、"学生表"中"姓名""性别"字段、"成绩表"中"成绩"字段。

Step 03 在"设计网格"区"成绩"字段的"条件"行单元格输入"<60"，如图 4-39 所示。

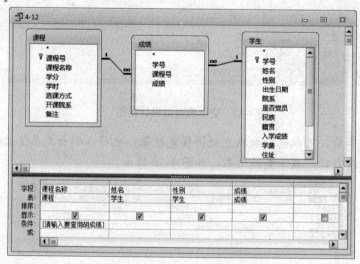

图 4-39　参数查询设计视图

Step 04 点击"运行"按钮，在此窗口中输入查询名称"单参数查询"，弹出请输入课程名称窗口，如图 4-40 所示。

Step 05 运行查询，或者切换到数据表视图，查询结果如图 4-41 所示。

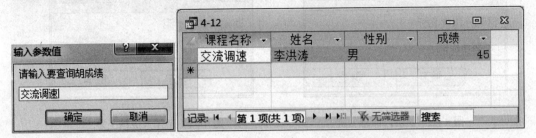

图 4-40 参数查询窗口提示   图 4-41 查询结果

2. 多参数查询

创建多参数查询，即指定多个参数。在执行多参数查询时需要依次输入多个参数值。

【例 4-13】在"教学管理"数据库，创建一个含有三个参数的查询，提示请输入查询的课程名称，请输入成绩上限、请输入成绩下限，要求显示"学号""姓名""性别""课程名称""成绩"。其具体操作步骤如下。

Step 01 打开"教学管理"数据库，单击"创建"选项卡下的"查询"组中"查询设计"按钮，显示查询"设计视图"和"显示表"窗口。添加"学生表""课程表""成绩表"，关闭"显示表"窗口。

Step 02 在"设计网格"中，添加"课程表"的"课程名称"字段、"学生表"中"学号""姓名"字段、"成绩表"中"成绩"字段。

Step 03 在"设计网格"区"课程名称"字段的"条件"行单元格输入"[请输入课程名称]"，在"成绩"字段的"条件"行单元格输入"Between[请输入成绩上限]and[请输入成绩下限]"如图 4-42 所示。

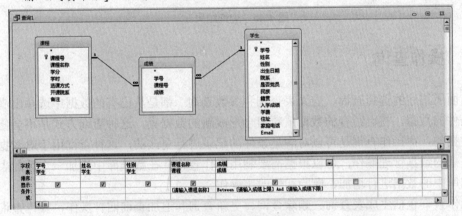

图 4-42 参数查询设计视图

Step 04 点击"运行"按钮，在此窗口中输入查询名称"单参数查询"，弹出请输入课程名称窗口，如图 4-43 所示。弹出请输入成绩上限，如图 4-44 所示。弹出请输入成绩下限，如图 4-45 所示。

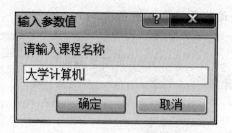

图 4-43　请输入课程名称

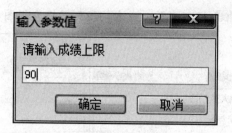

图 4-44　请输入成绩上限

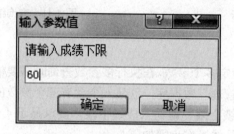

图 4-45　请输入成绩下限

Step 05 运行查询，或者切换到数据表视图，查询结果如图 4-46 所示。

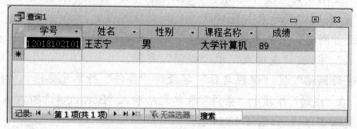

图 4-46　查询结果

4.4.3　操作查询

前面所描述的选择查询、交叉表查询和参数查询都是从已有的数据中选择出满足某些条件的数据，将已经有的数据重新组合形成新的数据集，这种查询方式是不会修改原有数据的，而操作查询是可以对满足条件的记录进行更改的，这种查询用于对数据库进行复杂的数据管理操作，可以根据需要利用操作查询，在数据库中增加一个新的表及对数据库中的数据进行增加、删除和修改等操作。

操作查询包括生成表查询、删除查询、更新查询和追加查询四种操作，操作查询会引起数据库中数据的变化，因此，一般先对数据库进行备份后再运行操作查询。

1. 生成表查询

生成表查询，利用一个或多个表中的全部或部分数据来创建新表，这种由表产生查询，再由查询来生成表的方法，使得数据的组织更加灵活。

▶ 注意

（1）利用生成表查询建立新表的时候，如果数据库中已有同名的表则新表覆盖掉同名的表。

（2）利用生成表查询建立新表时，新表中的字段从生成表查询的原表中继承字段名称、数据类型以及字段大小属性，但是不继承其他的字段属性以及表的主键。

【例 4-14】在"教学管理"数据库中创建一个"优秀学生"的表，要求该表中要有"学号""姓名""性别""院系""入学成绩"字段。其具体操作步骤如下。

Step 01 打开"教学管理"数据库，单击"创建"选项卡下的"查询"组中"查询设计"按钮，显示查询"设计视图"和"显示表"窗口。添加"学生表"，关闭"显示表"窗口。

Step 02 在"设计网格"中，"学生表"中"学号""姓名""性别""院系""入学成绩"字段。

Step 03 在"设计网格"区"入学成绩"字段的"条件"行单元格输入">480"，如图 4-47 所示。

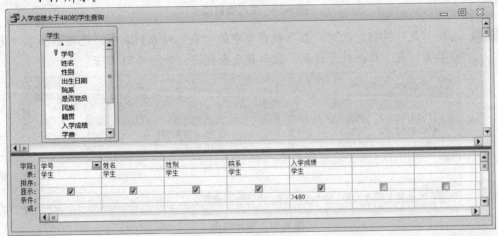

图 4-47　查询设计视图

Step 04 单击该"查询工具"下的"设计"选项卡中的"查询类型"组中的"生成表"按钮，弹出"生成表"窗口，在表名称上输入"优秀学生"，选择"当前数据库"按钮，如图 4-48 所示。

图 4-48　生成表名称

Step 05 单击"确定"，保存查询，命名为"优秀学生的查询"。

注：当运行该生成表查询时，具体步骤如下。

Step 01 在导航窗口的查询对象组，找到"优秀学生的查询"，双击打开，弹出"您正在执行生成表查询，该查询将修改您表中的数据"对话框，如图 4-49 所示。

Step 02 选择"是"按钮，弹出提示"您正准备向新表粘贴 3 行"对话框，如图 4-50 所示。

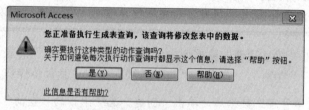

图 4-49　生成表窗口

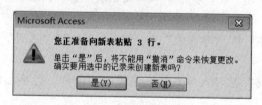

图 4-50　生成表窗口

Step 03 选择"是"按钮，此时，在导航窗口中的"表"对象列表中，已经添加了"优秀学生"表。双击打开该表，显示有 3 条数据，如图 4-51 所示。

学号	姓名	性别	院系	入学成绩
12018102102	李林	女	文法外语系	489
12018102104	马丽	女	工程与应用科	502
12018102106	蔡国庆	男	文法外语系	530

入学成绩大于480的学生

记录: 第 1 项(共 3 项)　无筛选器　搜索

图 4-51　查询结果

2. 删除查询

删除查询，可以从一个或多个表中删除一组记录，使用删除查询将删除整个记录，而不是只删除记录中所选的字段，如果启用级联删除，则可以删除查询从单个表中，从一对一关系的多个表中或一对多关系的多个表中删除相关的记录。

【例 4-15】在"教学管理"数据库中创建一个删除查询，从"优秀学生"的表，将"成绩"字段值为<500 分的记录删除。其具体操作步骤如下。

Step 01 打开"教学管理"数据库，单击"创建"选项卡下的"查询"组中"查询设计"按钮，显示查询"设计视图"和"显示表"窗口。添加"优秀学生"表，关闭"显示表"窗口。

Step 02 单击"查询工具"下"查询类型"组中的"删除"按钮，显示"删除查询"的设计视图。

Step 03 在"设计网格"中，第一列的"字段"行的单元格中添加"优秀学生"表的"*"
字段，此时，第一列的"删除"行的单元格默认显示"From"。

Step 04 在第二列的"字段"行的单元格，添加"入学成绩"字段，此时，第二列的"删
除"行的单元格默认显示"Where"。在"入学成绩"字段的"条件"单元格中
输入"<500"，如图 4-52 所示。

Step 05 保存查询名为"删除查询"。

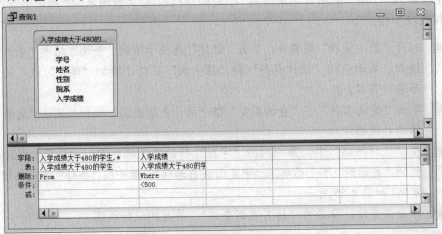

图 4-52　删除查询设计视图

注：当运行该生成表查询时，具体步骤如下。

Step 01 在导航窗口的查询对象组，找到"删除查询"，双击打开，弹出"您正在执行
删除查询，该查询将修改您表中的数据"对话框，如图 4-53 所示。

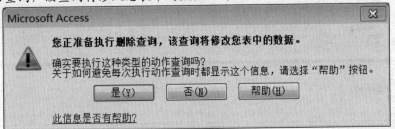

图 4-53　提示窗口

Step 02 选择"是"按钮，弹出提示"您正准备从指定表删除 1 行"对话框，如图 4-54
所示。

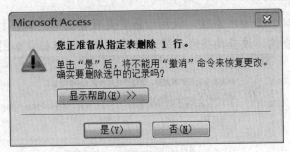

图 4-54　删除查询窗口

Step 03 单击"是"按钮。

3. 更新查询

在数据表视图中可以对记录进行修改，当需要修改符合一定条件的批量记录时，使用更新查询是更有效的防范，它能对一个活多个表中的一组记录进行批量修改。如果建立表间关系时设置了级联更新，那么运行更新查询也可能引起多个表的变化。

【例 4-16】在"教学管理"数据库中，创建一个更新查询，将"学生表"中的"籍贯"字段值为"宁夏"的所有记录改为"宁夏回族自治区"。查询名为"籍贯更新查询"。其具体操作步骤如下。

Step 01 打开"教学管理"数据库，单击"创建"选项卡下的"查询"组中"查询设计"按钮，显示查询"设计视图"和"显示表"窗口。添加"学生"表，关闭"显示表"窗口。

Step 02 单击"查询工具"下"查询类型"组中的"更新查询"按钮，显示"更新查询"的设计视图。

Step 03 在"设计网格"中，第一列的"字段"行的单元格中添加"籍贯"字段，第一列的"更新到"单元格填入"宁夏回族自治区"，第一列"条件"单元格填写"宁夏"。如图 4-55 所示。

Step 04 保存该查询，命名为"籍贯更新查询"，并关闭设计视图。

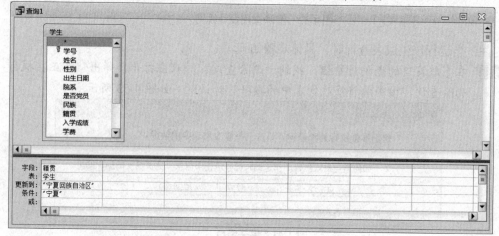

图 4-55 籍贯更新查询设计视图

注：当运行该生成表查询时，具体步骤如下。

Step 01 在导航窗口的查询对象组，找到"籍贯更新查询"，双击打开，弹出"您正在执行更新查询，该查询将修改您表中的数据"对话框，如图 4-56 所示。

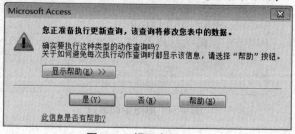

图 4-56 提示窗口

Step 02 选择"是"按钮，弹出提示"您正准备更新 10 行"对话框，如图 4-57 所示。

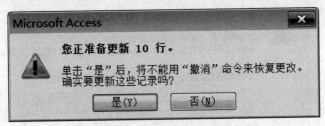

图 4-57　提示窗口

4. 追加查询

追加查询是将一个或多个表中的一组记录添加到另一个已存在的表的末尾。要被追加记录的表必须是已经保存的表。这个表可以是当前数据库中的表，也可以是另外一个数据库中表。

【例 4-17】建立一个追加查询，将入学成绩在 450 至 480 之间的学生添加到已建立的"优秀成绩"表中。其具体操作步骤如下。

Step 01 打开"教学管理"数据库，单击"创建"选项卡下的"查询"组中"查询设计"按钮，显示查询"设计视图"和"显示表"窗口。添加"学生"表，关闭"显示表"窗口。

Step 02 单击"查询工具"下"查询类型"组中的"追加查询"按钮，显示"追加查询"的设计视图。

Step 03 在"设计网格"中，依次添加"学号""姓名""性别""院系""入学成绩"字段。在"入学成绩"字段的"条件"行输入">450 And <480"，如图所 4-58 示。

Step 04 保存该查询，命名为"追加查询"，并关闭设计视图。

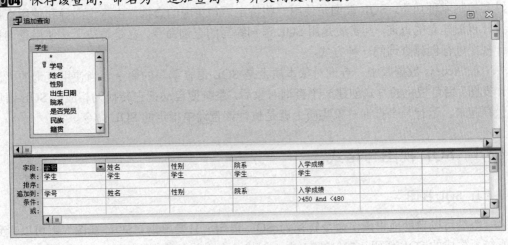

图 4-58　追加查询查询设计视图

注：当运行该生成表查询时，具体步骤如下。

Step 01 在导航窗口的查询对象组，找到"追加查询"，双击打开，弹出"您正在执行追加查询，该查询将修改您表中的数据"对话框，如图 4-59 所示。

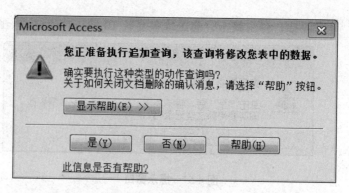

图 4-59　提示窗口

Step 02 选择"是"按钮,弹出提示"您正准备追加 1 行"对话框,如图 4-60 所示。

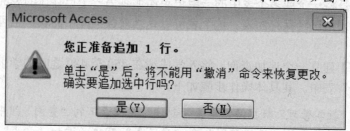

图 4-60　提示窗口

4.5　SQL 查询

　　SQL 是在数据库系统中应用广泛的数据库查询语言,它包括了数据定义、查询、操纵和控制 4 种功能。SQL 查询是使用一些特定语句实现的查询,由查询向导和使用查询设计视图建立的查询,其实质是用 SQL 语句编写的查询命令,它是解决无法使用查询设计视图进行创建查询的一种方式。

　　在 Access 数据库中,查询对象本质上是 SQL 语言编写的命令。当使用查询的"设计视图"用可视化的方式创建一个查询对象后,系统便自动把它转换为相应的 SQL 语句保存起来。运行一个查询对象实质上就是执行该查询中指定的 SQL 命令。

4.5.1　SQL 视图与格式

1. SQL 视图

　　系统可以自动地将操作命令转换为 SQL 语句,只要单击"SQL 视图"就可以看到系统所生成的 SQL 代码。在例 4-11 中,创建一个"单参数查询",在该查询的"查询工具"中"设计"中的"结果"组中点击"视图"选择"SQL 视图",就可以进入"SQL 视图",如图 4-61 所示。

图 4-61　单参数查询窗口

2．SQL 的查询语句格式

SELECT ALL/DISTINCT 字段 1 AS 新字段 1，字段 2 AS 新字段 2，…

　　[INTO 新表名]

　　　FROM 表或视图名(多个逗号分割)

　　　　[WHER <条件表达式>]

　　　　　　[GROUP BY <分组表达式>]

　　　　　　　[HAVING <条件表达式>]

　　　　　　　　[ORDER BY 字段列表[ASC|DESC]]

其中：DISTINCT：表示输出无重复记录，即计算时取消制定列中重复的值。

　　　ALL：计算所有的值。

　　　AS：后表示要输入一个新的字段名。

　　　FROM<数据库名>[<别名>]。

　　　WHERE 是条件语句的关键字，是可选项。

格式为：

　　　WHERE<连接条件>[<连接条件>…]

　　　[AND/OR<筛选条件>[AND/OR<筛选条件>…]]

　　　ORDER BY<排序项目>[ASC|DESC] [,<排序项目>[ASC|DESC]…]

其中：ASC 为升序，默认为升序，DESC 为降序。

4.5.2　基本查询

1．创建 SQL 查询

　　除了上述方法，用户也可以选择自主在"SQL 视图"中输入 SQL 语句的方式实现 SQL 查询。打开"SQL 视图"的方法是：单击"创建"选项中的"查询"组中的"查询 设计"按钮，自动弹出"显示表"，在窗口中单击"关闭"，如图 4-62 所示。单击"SQL 视图"，打开 SQL 视图的空白编辑区域，如图 4-63 所示。在编辑框中输入 SQL 语句，单击工具栏"运行"按钮，即可执行该语句。

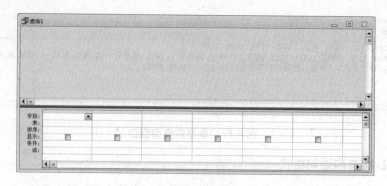

图 4-62　创建查询窗口

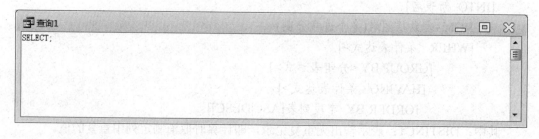

图 4-63　SQL 查询窗口

2．简单的 SQL 语句

SELECT 语句的基本框架为：

SELECT…FROM…WHERE

各个子句分别指定输出字段、数据来源和查询条件。SQL 查询生成的数据集包含"学生档案"表的全部数据。

其中，"*"表示表中所有字段，FROM 子句用于指定数据集。

【例 4-18】选择"学生档案"表中的"姓名""性别""出生日期""毕业院校"字段构成记录集。

具体 SQL 查询语句如下：

SELECT 学号,性别,出生日期,毕业院校 FROM 学生档案

注：①逗号全部用英文字符下输入。

②数据源"学生档案"表不能删除。若重命名"学生档案"表名称，则查询中的数据源名称自动修改。

③当数据源"学生档案"表中的数据进行更新时，该查询的结果也会自动更新。

3．给定筛选条件

SELECT 语句中的 WHERE 子句用于指明查询的条件，在 WHERE 子句中使用各种关系运算符表示筛选记录的条件。

【例 4-19】获取"学生"表中"入学成绩"大于 430 分的学生记录。

具体 SQL 查询语句如下：

SELECT * FROM 学生 WHERE 入学成绩>430

查询结果如图 4-64 所示。

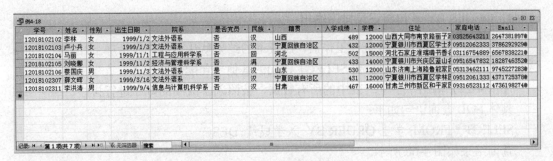

图 4-64　查询结果

【例 4-20】获取"学生"表中"入学成绩"大于 430 分，且籍贯是"宁夏回族自治区"的学生记录。

具体 SQL 查询语句如下：

SELECT * FROM 学生 WHERE 入学成绩>430 And 籍贯="宁夏回族自治区"

查询结果如图 4-65 所示。

图 4-65　查询结果

在 WHERE 子句中使用 LIKE 运算发可实现模糊查询。

【例 4-21】运用 LIKE 运算符实现查找所有姓"张"的学生的模糊查询。

具体 SQL 查询语句如下：

SELECT * FROM 学生 WHERE 姓名 LIKE "张*"

查询结果如图 4-66 所示。

图 4-66　查询结果

【例 4-22】查询入学成绩在 480 分到 500 分的学生基本信息。

具体 SQL 查询语句如下：

SELECT * FROM 学生 WHERE 入学成绩 BETWEEN 480 AND 500

查询结果如图 4-67 所示。

图 4-67　查询结果

4．OEDER BY 子句将记录排序输出

使用 SELECT 语句完成查询工作后，所查询的结果默认显示在显示屏上，若需要对这些查询结果进行处理，则需要 SELECT 语句的其他子句配合操作。

【例 4-22】输出“学生”表中的所有数据，按照入学成绩的降序进行排序。

具体 SQL 查询语句如下：

SELECT * FROM 学生 ORDER BY 入学成绩 DESC

查询结果如图 4-68 所示。

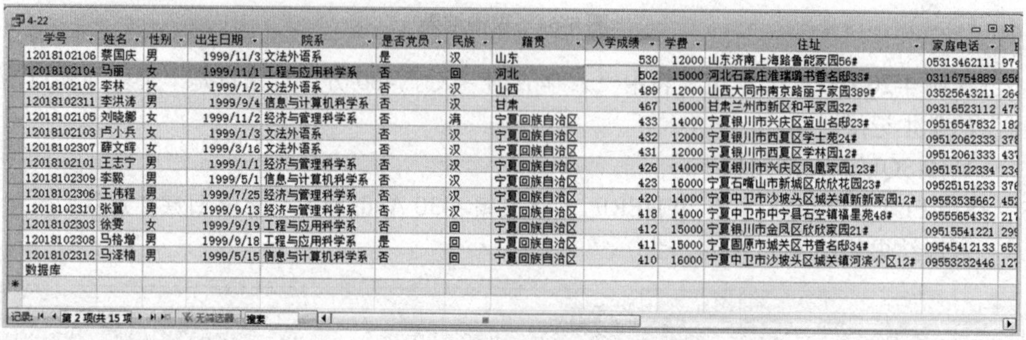

4-22

学号	姓名	性别	出生日期	院系	是否党员	民族	籍贯	入学成绩	学费	住址	家庭电话
12018102106	蔡国庆	男	1999/11/3	文法外语系	是	汉	山东	530	12000	山东济南上海路鲁能家园56#	05313462111
12018102104	马丽	女	1999/11/1	工程与应用科学系	否	回	河北	502	15000	河北石家庄淮瑞璐书香名邸33#	03116754889
12018102102	李林	女	1999/1/2	文法外语系	否	汉	山西	489	12000	山西大同市南京路丽子家园389#	03525643211
12018102311	李洪涛	男	1999/9/4	信息与计算机科学系	否	汉	甘肃	467	16000	甘肃兰州市新区和平家园32#	09316523112
12018102105	刘晓娜	女	1999/11/2	经济与管理科学系	否	满	宁夏回族自治区	433	14000	宁夏银川市兴庆区蓝山名邸23#	09516547832
12018102103	卢小兵	女	1999/1/3	文法外语系	否	汉	宁夏回族自治区	432	12000	宁夏银川市西夏区学士苑24#	09512062333
12018102307	薛文晖	女	1999/3/16	文法外语系	否	汉	宁夏回族自治区	431	12000	宁夏银川市西夏区学林园12#	09512061333
12018102101	王志宁	男	1999/1/1	经济与管理科学系	否	汉	宁夏回族自治区	426	14000	宁夏银川市兴庆区凤凰家园123#	09515122334
12018102309	李毅	男	1999/5/1	信息与计算机科学系	否	汉	宁夏回族自治区	423	16000	宁夏石嘴山市新城区欣欣花园23#	09525151233
12018102306	王伟程	男	1999/7/25	经济与管理科学系	否	汉	宁夏回族自治区	420	14000	宁夏中卫市沙坡头区城关镇新新家园12#	09553535662
12018102310	张翼	男	1999/9/13	经济与管理科学系	否	汉	宁夏回族自治区	418	14000	宁夏中卫市中宁县石空镇福星苑48#	09555654332
12018102303	徐雯	女	1999/9/19	工程与应用科学系	否	回	宁夏回族自治区	412	15000	宁夏银川市金凤区欣欣家园21#	09515541221
12018102308	马格增	男	1999/9/18	工程与应用科学系	是	回	宁夏回族自治区	411	15000	宁夏固原市城关区书香名邸34#	09545412133
12018102312	马泽楠	男	1999/5/15	信息与计算机科学系	否	回	宁夏回族自治区	410	16000	宁夏中卫市沙坡头区城关镇河滨小区12#	09553232446
数据库											

记录：第 2 项(共 15 项 无筛选器 搜索

图 4-68 查询结果

【例 4-23】按照男女生，分别排序学生的入学成绩。要求性别降序，入学成绩降序。

具体 SQL 查询语句如下：

SELECT * FROM 学生 ORDER BY 性别 DESC,入学成绩 DESC

查询结果如图 4-69 所示。

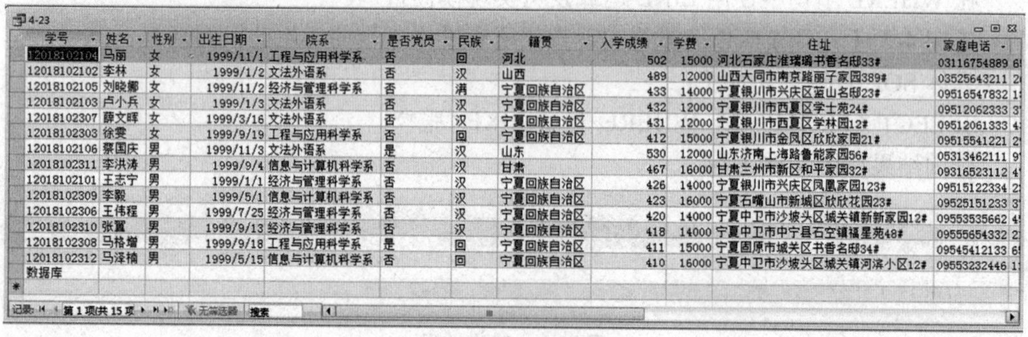

4-23

学号	姓名	性别	出生日期	院系	是否党员	民族	籍贯	入学成绩	学费	住址	家庭电话
12018102104	马丽	女	1999/11/1	工程与应用科学系	否	回	河北	502	15000	河北石家庄淮瑞璐书香名邸33#	03116754889
12018102102	李林	女	1999/1/2	文法外语系	否	汉	山西	489	12000	山西大同市南京路丽子家园389#	03525643211
12018102105	刘晓娜	女	1999/11/2	经济与管理科学系	否	满	宁夏回族自治区	433	14000	宁夏银川市兴庆区蓝山名邸23#	09516547832
12018102103	卢小兵	女	1999/1/3	文法外语系	否	汉	宁夏回族自治区	432	12000	宁夏银川市西夏区学士苑24#	09512062333
12018102307	薛文晖	女	1999/3/16	文法外语系	否	汉	宁夏回族自治区	431	12000	宁夏银川市西夏区学林园12#	09512061333
12018102303	徐雯	女	1999/9/19	工程与应用科学系	否	回	宁夏回族自治区	412	15000	宁夏银川市金凤区欣欣家园21#	09515541221
12018102106	蔡国庆	男	1999/11/3	文法外语系	是	汉	山东	530	12000	山东济南上海路鲁能家园56#	05313462111
12018102311	李洪涛	男	1999/9/4	信息与计算机科学系	否	汉	甘肃	467	16000	甘肃兰州市新区和平家园32#	09316523112
12018102101	王志宁	男	1999/1/1	经济与管理科学系	否	汉	宁夏回族自治区	426	14000	宁夏银川市兴庆区凤凰家园123#	09515122334
12018102309	李毅	男	1999/5/1	信息与计算机科学系	否	汉	宁夏回族自治区	423	16000	宁夏石嘴山市新城区欣欣花园23#	09525151233
12018102306	王伟程	男	1999/7/25	经济与管理科学系	否	汉	宁夏回族自治区	420	14000	宁夏中卫市沙坡头区城关镇新新家园12#	09553535662
12018102310	张翼	男	1999/9/13	经济与管理科学系	否	汉	宁夏回族自治区	418	14000	宁夏中卫市中宁县石空镇福星苑48#	09555654332
12018102308	马格增	男	1999/9/18	工程与应用科学系	是	回	宁夏回族自治区	411	15000	宁夏固原市城关区书香名邸34#	09545412133
12018102312	马泽楠	男	1999/5/15	信息与计算机科学系	否	回	宁夏回族自治区	410	16000	宁夏中卫市沙坡头区城关镇河滨小区12#	09553232446
数据库											

记录：第 1 项(共 15 项 无筛选器 搜索

图 4-69 查询结果

5．SELECT 嵌套查询

【例 4-24】查询比学生“张亮”入学成绩低的学生信息。

具体 SQL 查询语句如下：

SELECT * FROM 学生 WHERE 入学成绩<(SELECT 入学成绩 FROM 学生 WHERE 姓名=”马丽”)

查询结果如图 4-70 所示。

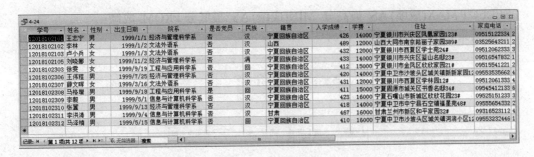

图 4-70　查询结果

6．基于多个记录源的查询

多记录源的查询即多个表组合查询。该查询要求多个表必须具有关联，且不同表要求相同字段建立联系。

【例 4-25】查询学生的成绩，要求显示学号、姓名、课程名称、成绩。这些字段分别来自学生表、课程表、成绩表。

注："学生"表和"成绩"表通过"学号"连接，"成绩"表和"课程"表通过"课程号"字段链接。

具体 SQL 查询语句如下：

SELECT　学生.学号,姓名,课程.课程名称,成绩.成绩　FROM　学生,课程,成绩　WHERE　学生.学号=成绩.学号　AND　课程.课程号=成绩.课程号

查询结果如图 4-71 所示。

学号	姓名	课程名称	成绩
12018102101	王志宁	大学计算机	89
12018102102	李林	公文写作	97
12018102103	卢小兵	现代汉语	96
12018102104	马丽	机械设计	69
12018102306	王伟程	金融学	88
12018102311	李洪涛	交流调速	45
12018102312	马泽楠	电子工艺	87

图 4-71　查询结果

7．聚集函数的使用

COUNT(DISTINCT/ALL)列名：统计一列中值的个数。

SUM(DISTINCT/ALL)列名：计算一列值的总和。

AVG(DISTINCT/ALL)列名：计算一列值的平均值。

MAX(DISTINCT/ALL)列名：计算一列值的最大值。

MIN(DISTINCT/ALL)列名：计算一列值的最小值。

【例 4-26】查询学生的总人数

具体 SQL 查询语句如下：

SELECT　学生人数,COUNT(*) FROM　学生

【例 4-27】查询入学成绩的最高分和最低分

具体 SQL 查询语句如下：

SELECT MAX(成绩) AS 最高分, MIN(成绩) AS 最低分 FROM 成绩

查询结果如图 4-72 所示。

图 4-72   查询结果

4.5.3   SQL 查询的创建

SQL 语句的最主要功能就是具有查询功能，它所提供的 SELECT 语句用于检索和显示一个或多个数据库表中的数据。SELECT 语句功能强大，使用方式非常灵活，用一个语句就可以实现关系代数中的选择、投影和连接运算。

SELECT 语句的一般格式：

SELECT   〔ALL|DISTINCT〕<目标列>〔,<目标列>〕...

FROM <表或查询 1>〔,<表或查询 2>〕

　〔WHERE <条件表达式>〕

　〔GROUP BY   <分组项>〔HAVING <分组筛选条件>〕〕

　〔ORDER BY   <排序项>〔ASC|DESC　〕〕

该语句的功能是根据 WHERE 子句的条件表达式，从 FROM 子句指定的基本表或查询中找出满足条件的记录，再按 SELECT 子句中的目标列找出元组中的属性值形成结果表。ALL 为默认值，表示所有满足条件的记录，DISTINCT 用于忽略重复数据的记录，即在基本表中重复记录只出现一次。GROUP 子句则表示将结果按表中的某一字段名（分组项）的值进行分组，该属性列值相同的元组为一个组，每个组产生结果表中的一条记录。GROUP 子句还可以带 HAVING 短语，表示只有满足指定条件的组才输出。ORDER 子句将结果按表中的某一字段名（排序项）的值升序或降序排列。

1. 单表查询

（1）选择查询。使用 SELECT 语句检索和显示一个或多个数据库表中的数据。

【例 4-28】从"学生"表中查询信息学院的所有学生的"学号""姓名""性别"和"年龄"。

　　SELECT 学号,姓名,性别,YEAR(DATE())-YEAR(出生日期) AS 年龄

　　FROM 学生 WHERE 院系="信息与计算机科学系";

其中"AS 子句"的作用是改变查询结果的列标题，对应的 SQL 视图和查询结果如图 4-73 所示。

图 4-73　SQL 视图

（2）排序查询。利用 ORDER BY 子句可以对查询结果按照一列或多个列的升序
（ASC）或降序（DESC）排列，默认排序方式是升序。ORDER BY 子句的格式为：

ORDER BY <排序项> [ASC|DESC]

【例 4-29】在"学生"表中查询 480～500 分的记录，入学成绩降序排。

SELECT * FROM 入学成绩 WHERE 学生 BETWEEN 480 AND 500 ORDER BY
学号,入学成绩 DESC;

利用 TOP 短语可以选出排在前面的若干记录，但 TOP 子句必须和 ORDER BY 子
句同时使用。TOP 短语的格式为：

TOP <数值>或 TOP <数值> PERCENT

【例 4-30】查询"学生"表中成绩排在前 5 名的记录。

SELECT TOP 5 * FROM 学生 ORDER BY 入学成绩 DESC;

（3）分组查询。使用 GROUP BY 子句可以对查询结果按照某一列的值分组。分组
查询通常与 SQL 的统计函数一起使用，先按指定的数据项分组，再对各组进行合计。如
果未分组，则统计函数将作用于整个查询结果。常用统计函数有：COUNT、AVG、SUM、
MIN、MAX。

【例 4-31】统计"学生"表中各院系的学生人数。

SELECT 院系，COUNT(*) AS 各院系人数 FROM 学生 GROUP BY 院系;

如果分组后还要求按一定的条件对这些组进行筛选，可以在 GROUP BY 子句后加
上 HAVING 短语指定筛选条件。HAVING 短语必须和 GROUP BY 子句同时使用。

【例 4-32】查询选修了 3 门以上课程的学生学号。

SELECT 学号 FROM 成绩 GROUP BY 学号 HAVING COUNT(*)>=3;

当 WHERE 子句、GROUP BY 子句、HAVING 子句同时出现时，先执行 WHERE
子句，从表中选取满足条件的记录，然后执行 GROUP BY 子句对选取的记录进行分组，
再执行 HAVING 短语从分组结果中选取满足条件的组。

2．多表查询

多表查询是指所进行的查询同时涉及两个或两个以上的表数据。在进行多表查询时，
通常需要指定两个表的联接条件，该条件放在 WHERE 子句中，格式为：

SELECT <目标列> FROM <表名 1>，<表名 2>

WHERE <表名 1>.<字段名 1> = <表名 2>.<字段名 2>;

联接条件中的联接字段一般是两个表中的公共字段或语义相同的字段。在 SELECT
命令中还可以使用表的别名。格式为：

SELECT <目标列>

FROM <表名 1><别名 1>,<表名 2><别名 2>

WHERE <别名 1>.<字段名 1> = <别名 2>.<字段名 2>;

【例 4-33】查询所有学生的"学号""姓名""课程名称"和"成绩"。

SELECT 学生.学号，姓名，课程名称，成绩 FROM 学生，成绩，课程

WHERE 学生.学号=成绩.学号 AND 课程.课程号=成绩.课程号;

或使用表的别名：

SELECT 学号，姓名，课程名称，成绩 FROM 学生 XS, 成绩 CJ，课程 KC

WHERE XS.学号＝CJ.学号 AND KC.课程号=CJ.课程号;

【例 4-34】查询 85 分以上学生的"学号""姓名"、选修的"课程名称"和"成绩"。

SELECT XS.学号，姓名，课程名称，成绩 FROM 学生 XS, 成绩 CJ，课程 KC

WHERE XS.学号＝CJ.学号 AND KC.课程号=CJ.课程号 AND 成绩>85;

在上面的 WHERE 子句中同时包含了联接条件和查询条件。

3. 嵌套查询

嵌套查询是将一个 SELECT 语句包含在另一个 SELECT 语句的 WHERE 子句中，嵌套查询也称为子查询。子查询（内层查询）的结果用作建立其父查询（外层查询）的条件，因此，子查询的结果必须有确定的值。

利用嵌套查询可以将几个简单查询构成一个复杂查询，从而增强 SQL 的查询能力。

【例 4-35】查询姓名为"蔡国庆"的同学所选修的"课程名称"和"成绩"。

SELECT 学号，课程名称,成绩 FROM 成绩，课程

WHERE 学号 =（SELECT 学号 FROM 学生 WHERE 姓名 ="蔡国庆"）AND 成绩.课程号 = 课程.课程号

4. 合并查询

所谓合并查询是指将两个 SELECT 语句的查询结果通过并运算（UNION）合并为一个查询结果。进行合并查询时，要求两个查询结果应具有相同的字段个数，并且对应字段的数据类型也必须相同。

【例 4-36】查询信息与计算机科学系和文法外语系的学生的"学号""姓名"和"性别"。

SELECT 学号，姓名，性别 FROM 学生 WHERE 院系="信息与计算机科学系"UNION

SELECT 学号，姓名，性别 FROM 学生 WHERE 院系="文法外语";

第 5 章　窗体的设计与应用

 本章导读

　　窗体是 Access 中的一种重要对象，在用户与数据库之间起着桥梁的作用。利用窗体用户可以向数据库中输入数据，窗体也可以作为输出界面，输出显示一些记录集中的文字、图形、图像以及多媒体数据。窗体也是维护表中数据的一种最灵活的方式。在窗体中可以放置各种各样的控件，用于对表中的数据进行添加、删除、修改等操作。

本章知识点

➤ 窗体的基本概念
➤ 窗体的组成、窗体的类型及窗体视图的概念
➤ 创建窗体的基本方法
➤ 在窗体中添加各种控件及设置控件属性的方法
➤ 控件布局的调整方法
➤ 如何对窗体进行编辑与美化

 重点与难点

➲ 掌握创建窗体的基本方法
➲ 掌握在窗体中添加各种控件及设置控件属性的方法
➲ 掌握控件布局方法以及控件位置调整方法
➲ 掌握窗体的编辑与美化的方法

5.1　窗体的基本知识

5.1.1　窗体的功能

　　通常，窗体的主要功能有以下几方面。
　　（1）显示与编辑数据。这是窗体的最基本功能，数据可以来自一个表也可以来自多

个表。一般情况下，窗体上只显示一条记录。用户可以使用窗体的移动按钮或滚动条查看其他记录。用户还可以通过窗体进行添加、删除、修改等操作。

（2）接收输入的数据。用户可以设计一个专用的窗体，作为数据库数据的输入界面。

（3）控制应用程序流程。Access 的窗体可以与函数、过程等 VBA（Microsoft Office 的内置编程语言 Visual Basic Application 的英文缩写）结合，来完成一定的功能。

（4）信息显示。在窗体中可以采取各种形式显示一些警告或解释信息。

（5）打印数据。可以使用窗体打印数据。

5.1.2　窗体的视图

窗体的视图就是窗体的外观表现形式，窗体的不同视图具有不同的功能和应用范围，只要是用于窗体的创建和修改，显示的是各种控件的布局。不同视图的窗体以不同的布局形式来显示数据源。在 Access 2010 中，窗体由 6 种视图，分别为窗体视图、数据表视图、数据透视表视图、数据透视图视图、布局视图和设计视图。

1．设计视图

在窗体的设计视图中可以编辑窗体中需要显示的任何元素，包括文本演示、图片及控件等等，也可以编辑页眉和页脚等，窗体设计可以有后台的数据源，如图 5-1 所示，但是终端用户并不能看到底层的数据，使用设计视图创建窗体后，可在窗体视图和数据表视图中查看。

2．窗体视图

窗体视图是窗体运行时显示的格式，如图 5-2 所示，是在完成窗体设计以后查看效果的视图，可以浏览窗体所捆绑的数据源数据。在导航窗格的窗体列表中包含了当前数据库中的所有窗体，双击某个窗体对象，即可打开窗体的窗体视图。

图 5-1　窗体的设计视图

图 5-2　窗体视图

3．布局视图

Access 2010 新增了布局视图，它比设计视图更加直观。即可以调整窗体设计，根据实际数据调整列宽，在窗体上放置新的字段，并设置窗体及控件的属性，调整控件的位置和宽度等。在布局视图中，窗体实际正在运行，因此，用户看到的数据与窗体视图中显示的外观非常相似，如图 5-3 所示。

4．数据表视图

窗体的数据表视图和数据表的数据表视图几乎完全相同。窗体数据表视图采用二维表格的方式显示数据表中的数据记录，如图 5-4 所示，在数据表视图中，可以编辑字段和数据。

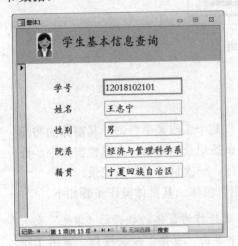

图 5-3　布局视图

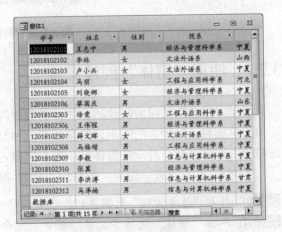

图 5-4　数据表视图

5．数据透视表视图

窗体的数据透视表视图可以动态地更改窗体的版面布置，从而以各种不同的方式分析数据，可以重新排列行标题、列标题和筛选字段，直到形成所需的版面为止。

6．数据透视图视图

窗体的数据透视图视图可以动态地更改窗体的版面布置，从而以各种不同的方式分析数据，可以重新排列横坐标轴坐标、纵坐标轴坐标和筛选字段，直到形成所需的版面为止。窗体的数据透视图视图可以把表中的数据信息或者汇总信息以图形化的方式直观显示出来。

5.2　创建窗体

在 Access 2010 中，创建窗体的方法分为两大类，即通过向导创建窗体和使用设计视图创建窗体。在 Access 2010 主窗口中，"创建"选项卡中的"窗体"命令组提供了多种创建窗体的命令按钮。其中包括"窗体""窗体设计"和"空白窗体"3 个主要按钮，以及"窗体向导""导航"和"其他窗体"3 个辅助按钮，如图 5-5 所示。

图 5-5　"窗体"组

5.2.1　使用"窗体"创建窗体

使用"窗体"按钮所创建的窗体，其数据源来自某个表或某个查询，其窗体的布局结构简单规整。这种方法所创建的窗体是一种显示单条记录的窗体。在纵栏窗体中，数据源的所有字段都会显示在窗体上，每个字段占一行，一次只显示一条记录。

【例 5-1】在"教学管理"数据库中创建"学生"窗体。其具体操作步骤如下。

Step 01 打开"教学管理"数据库，在导航窗格中，选择作为窗体的数据源"学生"表。

Step 02 单击"创建"选项卡，在"窗体"命令组中单击"窗体"命令按钮，窗体立即创建完成，并且以布局视图显示，如图 5-6 所示。

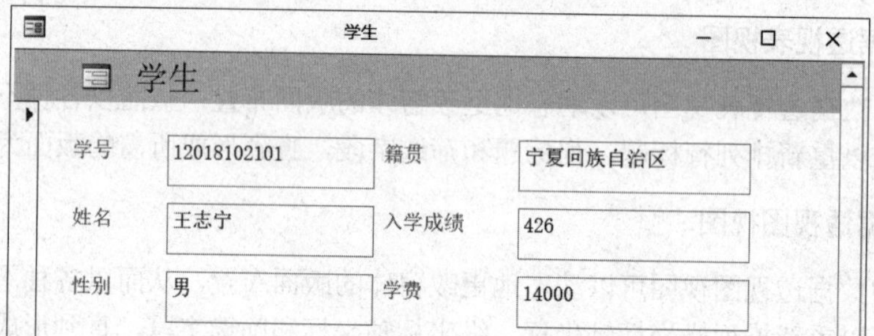

学生		— □ ×
🔲 学生		

学号	12018102101	籍贯	宁夏回族自治区
姓名	王志宁	入学成绩	426
性别	男	学费	14000
出生日期	1999/1/1	住址	宁夏银川市兴庆区凤凰家园123#
院系	经济与管理科学系	家庭电话	09515122334
是否党员	否	Email	2346412231@qq.com
民族	汉	照片	
		备注	

记录：◄ 第 1 项(共 15 项) ► ►► ► 无筛选器 搜索

图 5-6　"学生窗体"

Step 03 单击快捷工具栏中的"保存"按钮，输入名称，保存窗体。

5.2.2　使用“多个项目”创建窗体

多个项目即是在窗体上显示多条记录的一种窗体布局形式。使用“多个项目”按钮创建出表格式窗体，在一个窗体显示多条记录，每一行为一条记录，数据源可以是表或查询。

【例 5-2】在“教学管理”数据库中，以“学生档案”表为源数据，创建一个“多个项目”窗体。其具体操作步骤如下。

Step01 打开“教学管理”数据库，在导航窗格中，选择作为窗体的数据源“学生档案”表。

Step02 单击“创建”选项卡，在“窗体”命令组中单击“其他窗体”命令按钮，然后选择“多个项目”命令，“学生档案”表的多个项目窗体就创建好了，如图 5-7 所示。

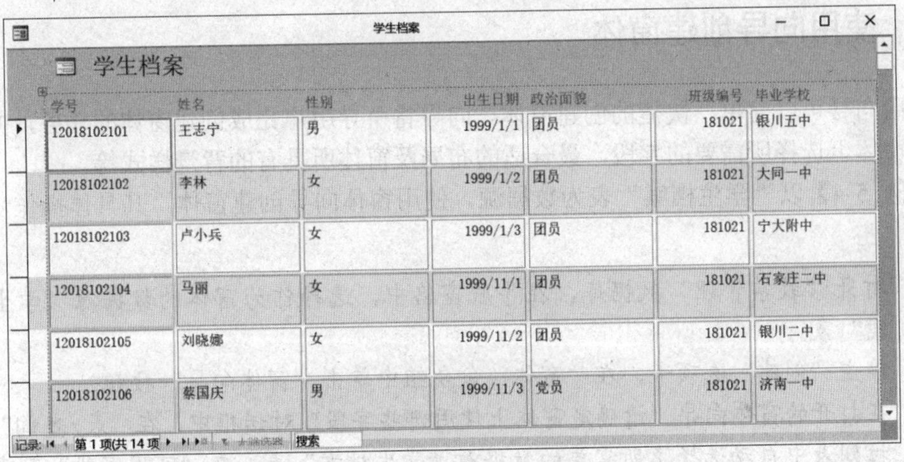
学生档案
学生档案
学号
姓名
性别
出生日期
政治面貌
班级编号
毕业学校
12018102101 王志宁 男 1999/1/1 团员 181021 银川五中
12018102102 李林 女 1999/1/2 团员 181021 大同一中
12018102103 卢小兵 女 1999/1/3 团员 181021 宁大附中
12018102104 马丽 女 1999/11/1 团员 181021 石家庄二中
12018102105 刘晓娜 女 1999/11/2 团员 181021 银川二中
12018102106 蔡国庆 男 1999/11/3 党员 181021 济南一中
记录: 第 1 项(共 14 项
搜索

图 5-7　由“学生档案”表创建的多个项目窗体

Step03 单击快捷工具栏中的“保存”按钮，输入名称，保存窗体。

5.2.3　创建分割窗体

利用“分割窗体”命令创建窗体与利用“窗体”命令按钮创建窗体的操作步骤是一样的，只是创建窗体的效果不一样。“分割窗体”创建的窗体具有两种布局形式的窗体。窗体的上半部分是单一记录布局方式，窗体的下半部分是多个记录的数据表布局方式。分割窗口同时显示窗体视图和数据表视图。

【例 5-3】以“学生档案”表为数据源，创建分割窗体。其具体操作步骤如下。

Step01 打开“教学管理”数据库，在导航窗格中，选择作为窗体的数据源“学生档案”表。

Step02 单击“创建”选项卡，在“窗体”命令组中单击“其他窗体”命令按钮，然后选择“分割窗体”命令，“学生档案”表的分割窗体的窗体就创建好了，如图 5-8 所示。

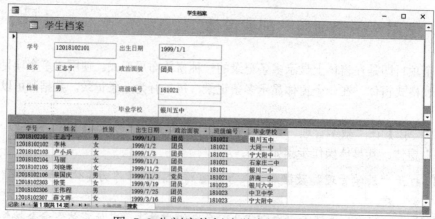

图 5-8 分割窗体创建学生档案窗体

Step 03 单击快捷工具栏中的"保存"按钮，输入名称，保存窗体。

5.2.4 使用向导创建窗体

使用向导可以简单、快捷的创建窗体。向导将引导用户完成创建窗体的任务，并让用户在窗体上选择所需要的字段，最合适的布局及窗体所具有的背景样式等。

【例 5-4】以"学生档案"表为数据源，使用窗体向导创建窗体。其具体操作步骤如下。

Step 01 打开"教学管理"数据库，在导航窗格中，选择作为窗体的数据源"学生档案"表。

Step 02 单击"创建"选项卡，在"窗体"命令组中单击"窗体向导"按钮。

Step 03 在打开的窗体向导"请确定窗体上使用哪些字段"对话框中，在"表/查询"下拉列表中自动选择了所需要的数据源"学生档案"表，在"可用字段"列表框中将需要显示在窗体中的字段移到"选定字段"列表框中，单击"下一步"按钮，如图 5-9 所示。

Step 04 在打开的"请确定窗体使用的布局"对话框中，选择"纵栏表"，单击"下一步"按钮，如图 5-10 所示。

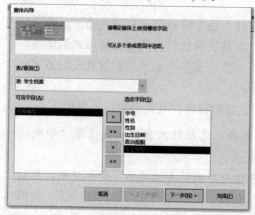

图 5-9 "请确定窗体上使用哪些字段"对话框

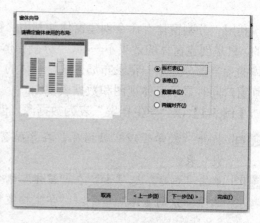

图 5-10 "请确定窗体使用的布局"对话框

Step 05 在打开的"请为窗体指定标题"对话框中，输入窗体标题，保持默认设置"打开窗体查看或输入信息"，单击"完成"按钮。显示所创建的窗体，如图 5-11 所示。

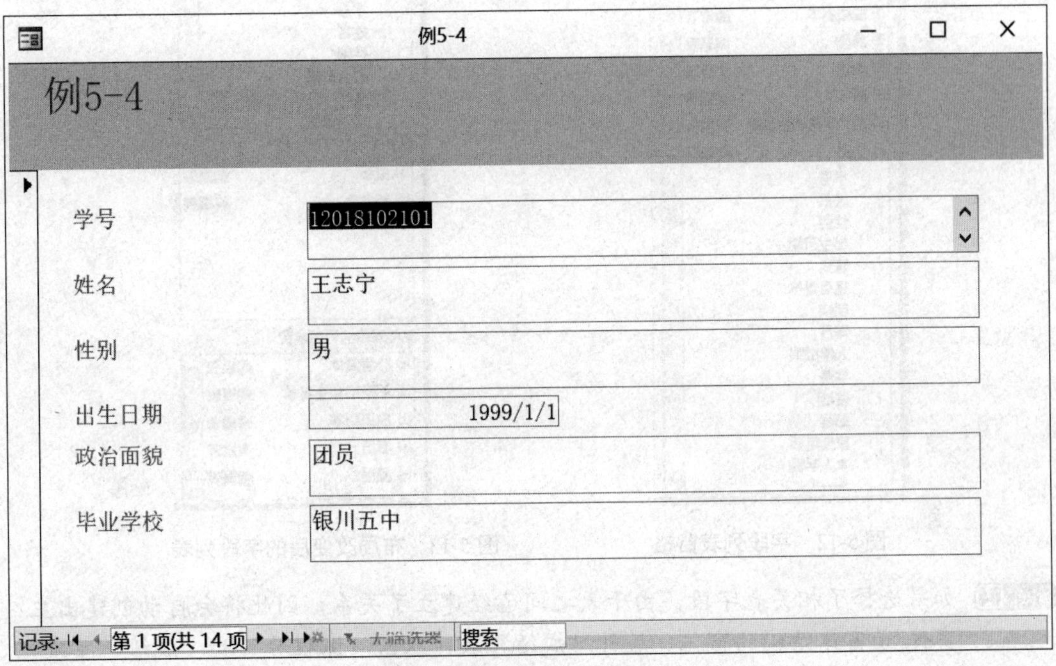

图 5-11　使用向导创建窗体

5.2.5　使用"空白"按钮创建窗体

空白窗体不会自动添加任何控件，而是显示"字段列表"任务窗格，通过手动添加表中的字段设计窗体。使用"空白"创建窗体的同时，Access 打开窗体的数据表视图，根据需要可以把表中的字段拖到窗体上从而完成窗体的创建工作。

【例 5-5】以"学生档案"表为数据源，使用"空白"按钮创建窗体。其具体操作步骤如下。

Step 01 打开"教学管理"数据库，在导航窗格中，选择作为窗体的数据源"学生档案"表。单击"创建"选项卡，在"窗体"命令组中单击"空白窗体"按钮。

Step 02 这时打开"空白窗体"视图，同时打开"字段列表"窗格，显示数据库中所有的表。单击"学生档案"表前的"+"号，展开该表所包含的所有字段，如图 5-12 所示。

Step 03 依次双击"学生档案"表中的"学号""姓名"等所有字段，这些字段则被添加到空白窗体中，并显示出"学生档案"表中的第一条记录。同时，"字段列表"的布局从一个窗格变为 3 个小窗格，分别是"可用于此视图的字段""相关表中的可用字段"和"其他表中的可用字段，如图 5-13 所示。

图 5-12 字段列表窗格

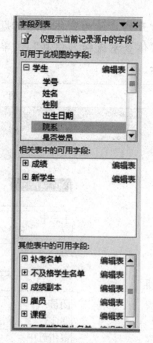

图 5-13 布局改变后的字段列表

Step 04 如果选择了相关表字段，由于表之间已经建立了关系，因此将会自动创建出主窗体/子窗体结构的窗体，展开"成绩"表，双击"课程号"和"成绩"字段，将这两个字段添加到空白窗体中，显示出每一个学生的成绩信息。

Step 05 单击"快速工具栏"上的"保存"按钮，在打开的"另存为"对话框中输入窗体名称"学生成绩信息"，然后单击"确定"按钮，完成此窗体的创建。

5.2.6　创建数据透视图窗体

　　数据透视窗体以图形表示数据，这是一种交互式的图，利用数据透视图窗体也可以对数据库中的数据进行行列合计、数据分析和版面重组。

　　【例 5-6】以"学生表"为数据源，创建各地生源的人数的数据透视图窗体。其具体操作步骤如下。

Step 01 打开"教学管理"数据库，在导航窗格中，选择作为窗体的数据源"学生"表。

Step 02 单击"创建"选项卡，在"窗体"命令组中单击"其他窗体"命令按钮，然后选择"数据透视图"命令。这时出现数据透视图的框架，同时打开"图表字段列表"任务窗格。

Step 03 在"数据透视图"设计窗口的"数据透视图工具/设计"选项卡的"显示/隐藏"组中，单击"字段列表"按钮，打开字段列表，将"籍贯"字段拖到下方的"将分类字段拖到此处"位置，将"人数"字段拖到上方的"将数据字段拖到此处"位置，这时图表区显示出柱形图，如图 5-14 所示。

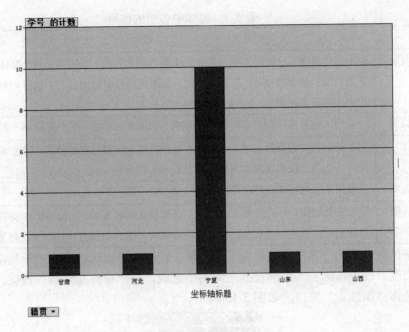

图 5-14　使用数据透视图创建的窗体

5.3　窗体的设计视图

如上面所述，Access 2010 提供了各种向导工具可以帮助我们创建多种形式的窗体，但是这些创建方式在格式和字段的分布上不够完善，不能满足创建复杂窗体的需要。如果要设计灵活复杂的窗体，则需要使用设计视图来创建窗体，或者使用向导及其他方法创建窗体之后，再在窗体设计视图中进行修改。这种设计视图功能强大，用户可以完全控制窗体的布局和外观，可以根据需要添加控件并设置他们的属性，从而设计出符合要求的窗体。

5.3.1　窗体设计视图结构

打开数据库，单击"创建"选项卡，在"窗体"命令组中单击"窗体设计"命令按钮，就会打开窗体设计视图。

窗体设计视图是设计窗口的窗口，它由 5 部分组成，分别包括窗体页眉、页面页眉、主体、页面页脚和窗体页脚。每一个部分称为一个"节"，每个节都有特定的用途，窗体的信息可以分布在多个节中。

窗体的节既可以隐藏，也可以调整大小、添加图片或设置背景颜色。在默认情况下打开窗体设计视图只显示"主体"节。若要显示其他 4 个节，需要右击"主体"空白处，在快捷菜单中选择"窗体页眉/页脚"或"页面页眉/页脚"等选项即可将其他各节添加到窗体上。窗体中各节的作用如表 5-1 所示。

表 5-1 窗体中各节的作用

节	作用
窗体页眉	位于窗体顶部，一般用于显示每条记录都相同的信息，如窗体标题、窗体使用说明及执行其他功能的命令按钮等；打印窗体时，窗体页眉打印输出到文档的开始处。窗体页眉不会出现在数据表视图
页面页眉	一般用来设置窗体在打印时的页头信息，如每页的标题、用户要在每一页上方显示的内容
主体	用于显示窗体数据源记录。主体通常包含数据源字段绑定的控件，但也可以包含未绑定的控件，如用于识别字段含义的标签及线条、图片等
页面页脚	一般用来设置窗体在打印时的页脚信息，如日期、页码或用户要在每一页下方显示的内容
窗体页脚	位于窗体底部，一般用于显示每条记录都要显示的内容，如窗体操作说明，也可以设置命令按钮，以便进行必要的控制；打印窗体时，窗体页脚打印输出到文档的结尾处

窗体各个节的分界横条被称为节选择器，使用它可以选定节，上下拖动它可以调节节的高度。在窗体的左上角标尺最左侧的小方块，是"窗体选择器"按钮，双击它可以打开窗体"属性表"窗口，如图 5-15 所示。

图 5-15 窗体属性表

在属性窗口中包含 5 个选项卡，如表 5-2 所示。

表 5-2 属性窗口

属性窗口选项卡	作用
格式	用来设置窗体的显示方式，如视图类型、窗体的位置和大小、图片、分割线、边框样式等
数据	设置窗体对象的数据源、数据规则、输入掩码等
事件	设置窗体对象针对不同的事件可以执行相应的通过宏、表达式、代码控制的自定义操作
其他	设置窗体对象的其他属性
全部	包括以上所有属性

5.3.2　"窗体设计工具"选项卡

Access 2010 当打开不同对象时会显示不同的上下文选项卡，打开窗体设计视图后，出现窗体设计工具上下文选项卡，如图 5-16 所示。

图 5-16　设计子选项卡

其中，"排列"选项卡主要用来对齐和排列窗体中的控件，包括"表""行和列""合并/拆分""移动""位置"和"调整大小和排序"等 6 个组。"格式"选项卡用来设置控件的格式，包括"所选内容""字体""数字""背景"和"控件格式"等 5 个组。而"设计"选项卡则提供了窗体的设计工具，包括"视图""主题""控件""页眉/页脚"以及"工具"5 个组，

5.3.3　常用控件介绍

窗体是由控件组成的，控件是窗体中显示数据、执行操作和修饰版面的对象。在图 5-18 所示的"窗体设计工具/设计"选项卡中有一个控件组，有很多按钮，每一个按钮都是构成窗体某个功能的控件。控件是窗体上用于显示数据、执行操作、装饰窗体的图形化对象。在窗体中添加的每一个对象都是控件，如文本框、单选按钮、命令按钮等。各种控件命令按钮的功能如表 5-3 所示。

表 5-3　控件功能表

名称	功能
选择	用于选择控件、节或窗体。单击该命令按钮可以释放以前锁定的控件
文本框	文本框是一个交互式控件，不仅可用于显示、输入或编辑数据库中的数据，也可以显示计算结果或接受用户的输入
标签	主要用于在窗体中显示信息，为窗体提供信息说明。
按钮	提供一种执行各种操作的方法。单击按钮时，它不仅会执行相应的操作，其外观也会由先按下后释放的视觉效果。
选项卡控件	通过选项卡控件，可以为窗体同一区域定义多个页面
超链接	创建网页、图片等信息的链接
Web 浏览器控件	浏览指定网页或文件的内容
导航控件	创建导航标签，用于显示不同的窗体或报表
选项组	与复选框、选项按钮或切换按钮配合使用
插入分页符	用于窗体上开始一个新的屏幕，或在打印窗体上开始一个新页
组合框	类似于文本框和列表框的组合，既可以在组合框中输入新值，也可以从下拉列表中选择一个值

（续表）

图表	打开图标向导，创建图标窗体
直线	创建直线，用以突出显示数据或分割显示不同的控件
切换按钮	显示是否型数据值，或在选项组中用来显示要从中进行选项的值
列表框	显示可滚动的数据列表，并可从列表中选择一个值
矩形	创建矩形框，将一组相关的控件组织在一起
复选框	显示是否型数据值，或在选项组中进行选择的值
非绑定对象框	在窗体中插入未绑定对象即没有存储在数据库中的 OLE 对象，如 Excel 电子表格、Word 文档
附件	在窗体中插入附件
选项按钮	显示是否型数据值，或在选项组中进行选择的值
子窗口/子报表	可以在现有窗体中再创建一个与主窗体相联系的子窗体
图像	图像控件是一个放置静态图像的控件

窗体中主要控件属性设置如表 5-4 所示。

表 5-4　控件属性

控件名称	属性	作用
标签	名称	控件的一个标识符。在 Access 中，每个控件都必须有一个名称，而且同一个窗体上的各个控件的名称不能相同
	标题	标签中显示的文本内容。不要与标签的"名称"属性相混淆
	背景样式	指定标签的背景是否是透明的。
	宽度、高度	设置标签的大小
	字体名称、字号、字体粗细	设置标签上所显示文字的字体、字的大小及字形
文本框	控件来源	绑定型文本框来源为数据源中的表或查询中的一个字段。计算型文本框来源为计算表达式（表达式前要加等号"="）。非绑定型文本框控件，不需要指定控件来源
	输入掩码	设置数据的输入格式
	默认值	设置文本框控件的初始值
	有效性规则、有效性文本	设置输入或更改数据时的合法性检查表达式，以及违反有效性规则时的提示信息
	可用	指定文本框控件是否能够获得焦点
	是否锁定	指定文本框中的内容是否允许更改。如果文本框被锁定，则其中的内容不允许被修改或删除
图像	图片	指定图形或图像文件的来源。
	图片类型	指定图形对象是嵌入到数据库中，还是链接到数据库中
	缩放模式	指定图形对象在图像框中的显示方式

（续表）

组合框	列数	默认为 1。如果大于 1，在组合框中可显示多列数据
	控件来源	与组合框控件建立关联的表或查询中的字段
	行来源类型、行来源	数据来源的类型及具体的数据来源
	绑定列	在多列组合框中指定将哪一列的值存入控件来源字段
	限于列表	若为"是"，则在文本框中输入的数据只有与列表中的某个选项相符时，Access 才接受该输入值

5.3.4　常用控件的使用

1．标签和文本框控件

标签和文本框控件是最常用的控件。标签控件主要用来显示说明性文本，文本框主要用来输入或编辑字段数据，它是一种交互式控件。

【例 5-7】在窗体设计视图中，创建窗体，窗体内有三个标签（Label1、Label2、Label3）和三个文本框（Text1、Text2、Text3），在前两个文本框分别输入矩形的宽、矩形的长，在第三个文本框输出矩形的面积。

其具体操作步骤如下。

Step 01　打开"教学管理"数据库，单击"创建"选项卡，在"窗体"组中单击"窗体设计"按钮，打开窗体设计窗口。

Step 02　在"窗体页眉"中，单击"控件"组中的"标签"按钮，在"窗体页眉"区域中按下鼠标左键，拖动鼠标绘制一个方框，放开鼠标，输入文字"矩形面积计算页面"，并插入图片，如图 5-17 所示。

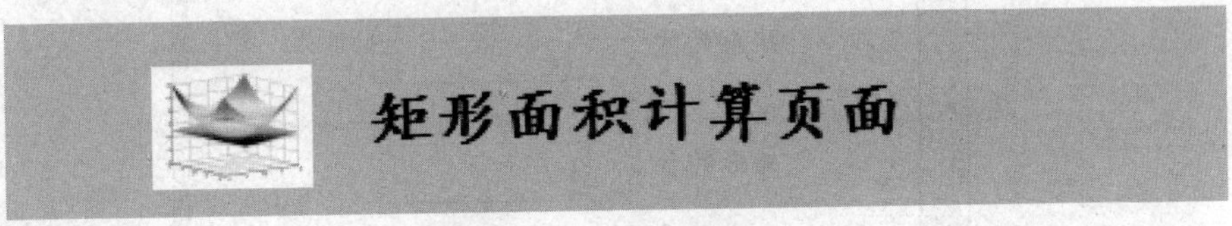

 矩形面积计算页面

图 5-17　窗体页眉效果

Step 03　单击"控件"命令组的"文本框"命令按钮，在"主体节"上单击创建第一个文本框，同理创建另外两个文本框。

Step 04　打开属性表任务窗口，将三个文本框的名称分别设置为 Text1、Text2、Text3，把三个标签的"名称"属性分别设置为 Label1、Label2、Label3，将标签的"标题"属性分别设置为"矩形的宽："矩形的长："矩形的面积："。

Step 05　将 Text3 的"控件来源"属性设置为"=[Text1]*[Text2]"，如图 5-18 所示。

图 5-18　文本框属性设置

Step 06 在"视图"命令组中单击下拉按钮，选择"窗体视图"命令切换到窗体视图，在第一个文本框输入矩形的宽，在第二个文本框输入矩形的长，并按【Enter】键，则在第三个文本框中显示矩形的面积，如图 5-19 所示。

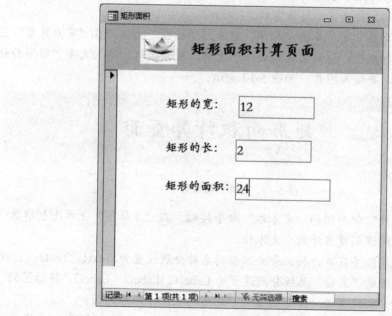

图 5-19　文本框演示窗体

Step 07 选择"文件"/

"保存"命令或点击快速访问工具栏上的"保存"按钮，保存所创建的窗体。

2. 创建组合框控件

组合框为用户提供了包含一些选项的可滚动列表，如果输入的数据取自该列表，用户只需选择所需要的选项就可完成数据输入。这样不仅可以避免输入错误，同时也提供了输入速度。

组合框最初显示成一个带有箭头的单独行，也即平常所说的下拉列表框。组合框提供的选项很多，但它所占的空间却很少，这是组合框最大的优势之一。另外组合框允许输入飞列表中的值，这也是与列表框最大的区别之一。

【例 5-8】以"课程"表为数据源，创建"课程名称"组合框，要求显示"课程号""课程名称""学分""学时"。其具体操作步骤如下。

Step 01 打开"教学管理"数据库，单击"创建"选项卡，在"窗体"组中单击"窗体设计"按钮，打开窗体设计窗口。

Step 02 单击"控件"命令组的"文本框"命令按钮，在"主体节"上单击创建第一个文本框，同理创建另外两个文本框。将三个文本框的名称分别设置为 Text1、Text2、Text3，把三个标签的"名称"属性分别设置为 Label1、Label2、Label3，将标签的"标题"属性分别设置为"课程号:""学分:""学时:"。

Step 03 单击"窗体设计工具/设计"选项卡"控件"组中的"组合框"按钮，在窗体上单击要放置组合框的位置，弹出"组合框向导"对话框，如图 5-20 所示。在这里选中"自行键入所需的值"单选按钮。

Step 04 单击"下一步"按钮，显示如图 5-21 所示对话框。在"第 1 列"列表中依次输入"大学计算机""公共写作""现代汉语""电子工艺""金融学""机械设计"。

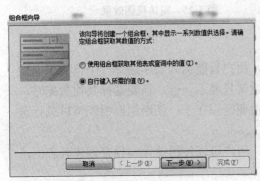

图 5-20　组合框向导窗口

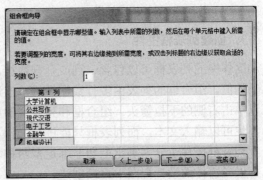

图 5-21　组合框列

Step 05 单击"下一步"按钮，显示如图 5-22 所示对话框。在对话框的"请为组合框指定标签"文本框中输入"课程名称"，作为该组合框的标签。完成后的设计视图效果如图 5-23 所示。

Step 06 在"视图"命令组中单击下拉按钮，如图 5-24 所示。选择"窗体视图"命令切换到窗体视图，如图 5-25 所示。

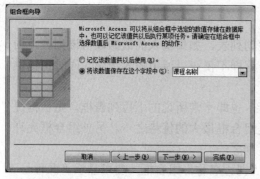

图 5-22　组合框保存字段　　　　　　　图 5-23　组合框名称

图 5-24　设计视图效果

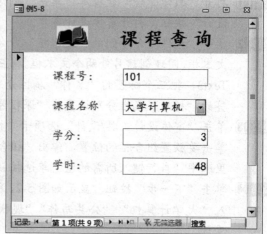

图 5-25　窗体视图效果

3．创建列表框控件

窗体中的列表框可以包含一列或几列数据，用户只能从列表中选择一个值而不能输入新的值，组合框的列表由多行数据组成，但通常只显示一行，需要选择其他数据时，可以单击右侧的下拉箭头。组合框和列表框的主要区别在于：使用组合框既可以进行选择，也可以输入文本，而列表框只能进行选择。

列表框控件也分为绑定型和非绑定型两种。用户可以使用控件向导来创建列表框，也可以在窗体的设计视图中直接创建。

【例 5-9】在例 5-8 的窗体中再创建"开课院系"列表框控件。其具体操作步骤如下。

Step 01 单击"窗体设计工具/设计"选项卡"控件"组中的"列表框"按钮，在窗体上单击要放置列表框的位置，弹出"列表框向导"对话框，如图 5-26 所示。在这里选中"使用列表框获取其他表或查询中的值"单选按钮。

Step 02 单击"下一步"按钮，选中"视图"组中的"表"单选按钮，然后从列表中选择"表：课程"，如图 5-27 所示。单击"下一步"按钮，选择"可用字段"列表框中的"开设院系"字段，将其移到右侧的"选定字段"列表框中，如图 5-28所示。

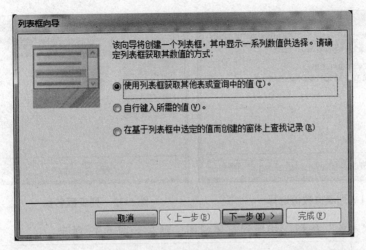

图 5-26　列表框向导窗口

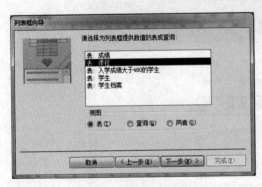

图 5-27　列表框数据源

图 5-28　列表框包含字段

Step 03　单击"下一步"按钮。在该对话框中，指定按"开课院系"字段升序排序，如图 5-29 所示。单击"下一步"按钮，显示"开课院系"字段列表，此时，可调整列表框的宽度，如图 5-30 所示。

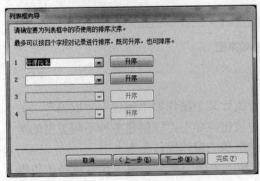

图 5-29　列表框排序次序

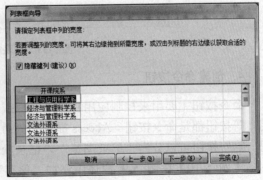

图 5-30　列表框宽度

Step 04　单击"下一步"按钮。选择"将该数值保存在这个字段中"单选按钮，如图 5-31 所示。继续单击"下一步"按钮，在显示的对话框中输入列表框的标题名"开课院系"，如图 5-32 所示。

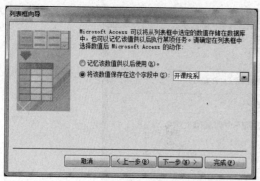
图 5-31　列表框数值选择

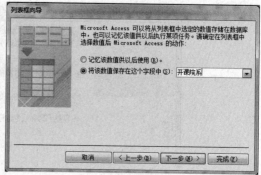
图 5-32　列表框名称

Step05 单击"完成"按钮，切换到窗体视图，结果如图 5-33 所示。

图 5-33　列表框效果图

4．创建命令按钮

命令按钮主要用来控制应用程序的流程或者执行某个操作如"确定""取消""关闭"等按钮都是命令按钮。Access 提供的"命令按钮向导"可以创建多种不同类型的按钮，这些按钮可以分为"记录浏览""记录操作"和"窗体操作"等 6 类。

【例 5-10】在例 5-9 窗体中添加"保存"和"关闭"命令按钮。其具体操作步骤如下。

Step01 打开"教学管理"数据库，打开例 4-9 设计的窗体，并进入窗体的设计视图。

Step02 单击单击"控件"组中的"按钮控件"按钮，并在窗体"主体"区域中单击，弹出"命令按钮向导"对话框，然后在"类别"中选择"记录操作"选项，接着在右边的"操作"列表框中选择"保存记录"选项，如图 5-34 所示。

Step 03 单击"下一步"按钮，在弹出的对话框中设置命令按钮的文本或图片，如图 5-35 所示。

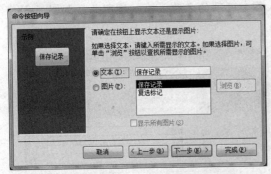

图 5-34　命令按钮向导

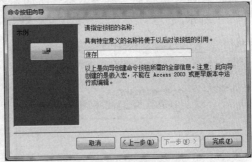

图 5-35　命令按钮名称

Step 04 单击"下一步"按钮，将该按钮命名为"保存"。

Step 05 单击"完成"按钮，完成该命令按钮的创建，用相同的操作向导为该窗体添加一个"关闭"按钮，当用户单击它时可以关闭该窗口，最终完成后效果如图 5-36 所示。

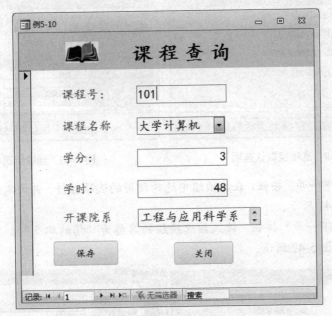

图 5-36　命令按钮效果图

5．创建选项组控件

选项组控件可以为用户提供必要的选项，用户只需进行简单的选取即可完成数据的输入或参数的设置，选项组中可以包含复选框、切换按钮或单选按钮等控件。

【例 5-11】创建"问卷调查"窗体，调查"您的职业""您的收入"。其具体操作步骤如下。

Step 01 打开"教学管理"数据库，单击"创建"选项卡下的"窗体设计"。

Step 02 单击"控件"组中的"选项组"按钮，并在窗体"主体"区域中单击，弹出"选项组向导"对话框，如图 5-37 所示。

Step 03 在该对话框的"标签名称"下面输入各个选项的名称，输入各职业，如图 5-38 所示。

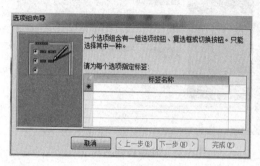

图 5-37　选项组向导

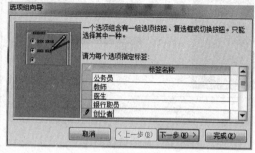

图 5-38　选项组指定标签

Step 04 单击"下一步"按钮，选择某一项为该选项组的默认选项，如图 5-39 所示。

Step 05 单击"下一步"按钮，设置各个选项胡数值，如图 5-40 所示。

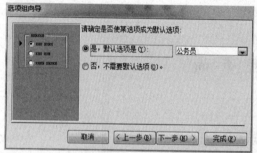

图 5-39　选项组默认选项

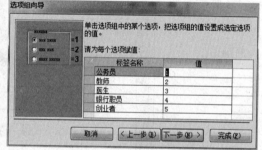

图 5-40　选项组选项赋值

Step 06 单击"下一步"按钮，在选项组中选择使用的选项控件，并设定所使用的样式，如图 5-41 所示。

Step 07 单击"下一步"按钮，输入该选项组的名称为"您的职业"，单击"完成"按钮，如图 5-42 所示。

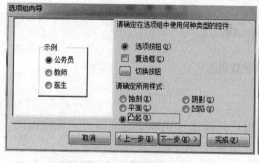

图 5-41　选项组类型

图 5-42　选项组名称

Step 08 这样，就利用"选项组向导"创建了一个选项组。同理，再创建一个选项组即可，如图 5-43 所示。"窗体视图"如图 5-44 所示。

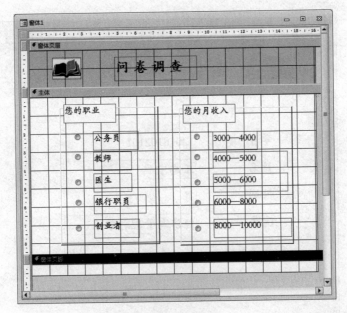

图 5-43　窗体设计效果

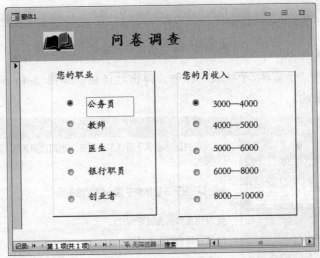

图 5-44　最终效果图

6. 创建子窗体

利用窗体提供的子窗体控件，用户可以轻松地创建子窗体，通常子窗体用来显示具有一对多关系的表或查询中的数据。主窗体可以包含任意数量的子窗体，还可以创建二级子窗体，即子窗体还可以再有子窗体。创建子窗体的方法有两种：一种是利用窗体向导创建，第二种是在设计视图中创建。下面介绍用设计视图创建子窗体的方法。

【例 5-12】创建"学生基本信息"窗体，包括"学号""姓名""性别""院系""入学成绩"，并创建一个包含在其中的"学生信息子窗体"。其具体操作步骤如下。

Step 01 打开"教学管理"数据库，单击"创建"选项卡下的"窗体设计"。

Step 02 单击"工具"组中的"添加现有字段"按钮，显示"字段列表"窗格。将窗格中的的"学生"表，添加字段，如图 5-45 所示。

图 5-45　学生基本信息窗体

Step 03 选择控件"子窗体/子报表"控件，弹出对话框，如图 5-46 所示。选择使用现有表和查询。

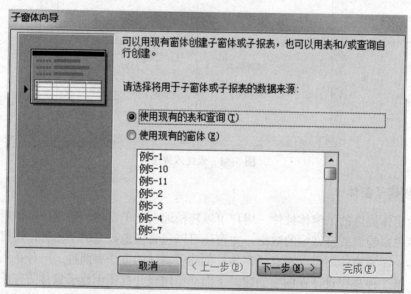

图 5-50　子窗体向导选择数据源

Step 04 单击"下一步"，弹出如图 5-47 所示对话框，选择所查询的字段。

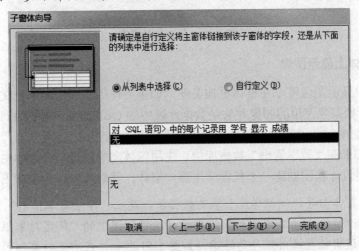

图 5-47　选择查询字段

Step 05 单击"下一步",弹出如图 5-48 所示对话框,选择"从列表中选择",选择"无"。

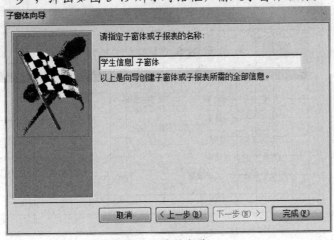

图 5-48　子窗体链接字段

Step 06 单击"下一步",弹出如图 5-49 所示对话框,输入子窗体名称。

图 5-49　子窗体名称

Step**07** 单击"完成"，窗体效果图，如图 5-50 所示。

图 5-50　子窗体效果图

7. 在窗体上显示图像

在窗体中显示图像可以使窗体更加美观，如果要使用的图像对象是文件，则可以利用图像控件，如果要使用的图像对象是数据库表中的 OLE 对象，则要用到绑定对象框控件。下面通过例 5-13 说明图像控件和绑定对象框控件的使用。

【例 5-13】在"教学管理"数据库中，先用窗体向导创建一个"学生基本信息"的窗体，再利用设计视图创建一个包含学生照片窗体。其具体操作步骤如下。

Step**01** 利用窗体向导，以"学生"表为数据源，建立"学生基本信息"窗体。

Step**02** 单击"窗体设计工具/设计"选项卡"控件"组中的"绑定对象框"按钮，在窗体的适当位置画出照片的轮廓，如图 5-51 所示，在绑定对象框的右键快捷菜单中选择"属性"，"控件来源"选择"照片"，如图 5-52 所示。

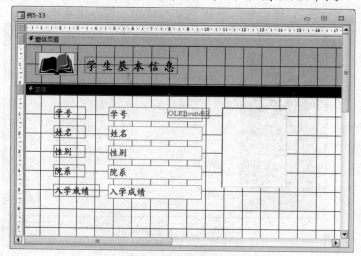

图 5-51　显示图像窗体设计

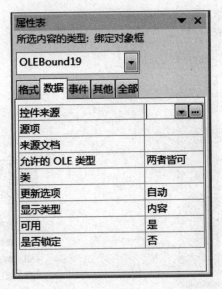

图 5-52　属性表

5.4　调整窗体

5.4.1　编辑窗体控件

在窗体的设计视图中,用户可以对窗体中的各个控件进行编辑操作,包括选择控件、调整控件的大小和位置、对齐控件、设置控件的颜色、字体、边框和特殊效果等。

1．选择控件

编辑一个控件,必须先选择这个控件。在窗体的设计视图中,只要用鼠标单击控件就可以选择它,若要同时选择多个控件,可以按住【Shift】键,再陆续单击其他要选择的控件即可。如果该控件是一个绑定型控件,系统会一同选择与之联系的标签。选择控件后,会出现移动柄和大小柄,移动柄用来移动控件在窗体中的位置,大小柄用来改变控件的大小。

2．调整控件

先选择要调整的控件,将鼠标移到大小柄上,拖动鼠标到合适的位置,即可调整控件的大小。将鼠标移到移动柄上,拖动鼠标到合适的位置即可调整控件在窗体中的位置。

3．对齐控件

按住【Shift】键,选择需要对齐的多个控件,在被选择的控件上右击,弹出快捷菜单,如图 5-53 所示,选择"对齐—靠左"选项。还可以按住【Shift】键选择要对齐的多个控件,单击"窗体设计工具/排列"选项卡"调整大小和排列"组中的"对齐"按钮(见图 5-57),在下拉菜单中确定对齐方式。

图 5-53　控件右键快捷菜单　　　　　　图 5-54　对齐按钮

4．设置控件的颜色、字体、边框和特殊效果

先选择控件，利用如图 5-55 所示的"窗体设计工具/格式"选项卡中的"字体""控件格式"组内的各个按钮来设置字体的大小、背景色、前景色、边框颜色、边框宽度和特殊效果。或在控件的右键快捷菜单中设置。

图 5-55　"窗体设计工具/格式"选项卡

5.4.2　设置窗体和控件的属性

窗体设计好之后，必须对窗体和控件进行必要的设置，才能发挥相应的功能。设置窗体和控件的具体操作方法虽然千差万别，但总的操作步骤是相同的。

（1）单击要进行设置的窗体区域或控件。

（2）单击"工具"组中的"属性表"按钮，打开"属性表"窗格。

（3）在"属性表"窗格中为窗体或控件设置相应的属性。

（4）保存窗体，完成设置。

1．设置窗体属性

窗体属性用于对窗体进行全局设置，包括窗体的标题、名称、窗体的数据来源、窗体的各种事件等。一般情况下，在"设计视图"中创建窗体时，都要先设置窗体的属性，然后再设置各个控件的属性。

窗体本身也有一些重要的属性需要设置，对窗体属性的操作有时会影响对窗体的操作，如是否允许对记录进行编辑、是否允许添加记录、是否允许删除记录等，一个典型的窗体"属性表"如图 5-56 所示。

图 5-56　窗体的属性表

在窗体的"属性表"窗格中有"格式""数据""事件""其他"和"全部"5 个选项卡。

"格式"选项卡主要是用来设置窗体的格式属性，如窗体的标题、名称、默认视图、是否在下方显示导航按钮等。这些内容对窗体的美化十分重要。

【例 5-14】为"学生基本信息"窗体添加背景图片并设置相应的格式设置。其具体操作步骤如下。

Step 01 创建"学生基本信息"窗体，并切换到设计视图。

Step 02 单击"窗体设计工具/设计"选项卡"工具"组中的"属性表"按钮，弹出"属性表"窗格，如图 5-57 所示。

Step 03 在"属性表"窗格的"所选内容的类型：窗体"下拉列表中选择"窗体"，并将其切换到"格式"选项卡，单击"图片"行右侧的省略号按钮，弹出"插入图片"对话框，选择图片。

Step 04 在对话框中选择合适的图片，单击"确定"按钮，即可将图片插入到窗体中作为窗体的背景，如图 5-58 所示。还可以在"图片缩放模式"行中选择图片缩放模式，Access 提供了 5 种形式。

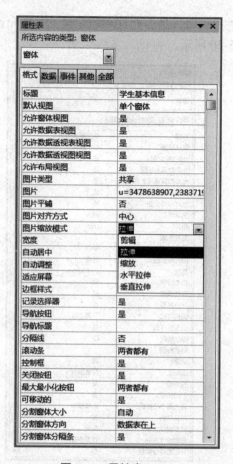

图 5-57　属性表

图 5-58　图片作为窗体的背景

在"图片类型"行默认为"嵌入"型,它指的是将图片直接嵌入到建立的数据库中,这种方式很方便,但是缺点是所占文件比较大。另一种方式就是"链接",这种方式就是将图片链接到数据库中。

"数据"选项卡主要用来设置窗体的数据源等,如果该窗体的设计目标是用来查看数据,那么就需要设置数据源,只不过在更多情况下,系统已经根据所创建的选项,自动添加了数据源。"数据"选项卡的主要内容如图 5-59 所示。

在"数据"选项卡中,可以通过"记录源"行的下拉列表框选择要作为数据源的表或者查询,单击该行右侧的省略号按钮,可弹出"查询设计器"。同时,在"数据"选项卡下有"允许添加""允许删除""允许编辑"等选项,用户可以根据设计窗体的目的进行适当的设置。

"事件"选项卡主要用来设置窗体的宏操作或 VBA 程序。用户可以通过该选项卡来创建事件过程和嵌入式宏,也可以通过该选项卡将独立宏绑定到窗体中。"事件"选项卡的主要内容如图 5-60 所示。

图 5-59　窗体的"数据"选项卡　　　　图 5-60　窗体的"事件"选项卡

"其他"选项卡主要用来对窗体进行系统的设置,如是否为模式对话框、是否启用右键快捷菜单等。"其他"选项卡中的主要内容如图 5-61 所示。

该选项卡的操作设置方法与上面的几个选项卡类似,值得说明的有下面 3 个选项。

➢ **"弹出方式"**:默认为"否"。如果选择"是",则窗体变为弹出式窗体,它可以浮在屏幕上方,可移动到任何地方。

➢ **"模式"**:默认为"否"。如果选择"是",则窗体变为模式窗体,只能在窗体中进行操作,不能操作当前窗体以外的屏幕区域。

➢ **快捷菜单**:默认为"是"。如果选择"否",则会禁用系统的快捷菜单。

"全部"选项卡包含了前 4 个选项卡中的全部内容,这样非常方便用户进行各种属性的查看和修改,并且在该选项卡下各个属性并不是简单地对前 4 个选项卡的内容进行汇总,而是按照用户使用的习惯和各个属性的使用频率进行了重新排列,如图 5-62 所示。

以上介绍了窗体的各种属性设置,其实单击"设计视图"的不同区域,也可以对各种不同的区域进行设置,如"主体"区域、"窗体页眉"区域等,其操作方式和对窗体的设置是相似的。

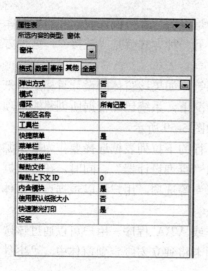

图 5-61　窗体的"其他"选项卡　　　　　图 5-62　窗体的"全部"选项卡

2．设置控件的属性

窗体中各种控件只有经过各种设置之后才能发挥正常的作用。通常，设置控件的属性可以有两种方法：一种是在创建控件时弹出"控件向导"中设置；另一种就是在控件的"属性表"窗格中设置。关于第一种方式，在介绍各种控件时已经介绍过，这里只简单介绍在"属性表"窗格中设置控件属性的方法。

通过控件的属性，可以改变控件的大小、颜色、透明度、特殊效果、边框、文本外观等。所以控件的属性对于控件的显示效果起着重要的作用。创建控件时弹出的向导，可以协助用户进行"属性表"窗格中属性的设置。

在"属性表"窗格中设置控件的各种属性和设置窗体的属性的基本操作是一致的。控件的"属性表"窗格也分为 5 个选项卡，如图 5-63 所示。

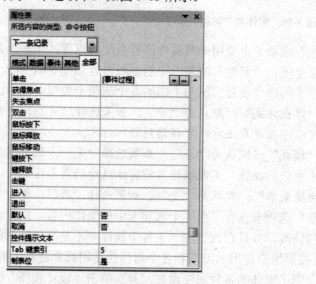

图 5-63　控件的"属性表"窗格

第 6 章　报表的创建与使用

本章导读

　　报表是数据库的一种对象，报表可以显示和汇总数据，并可以根据用户的需要打印输出格式化的数据信息。窗体和报表在许多方面是类似的，建立的过程也基本一样，但窗体和报表的使用目的存在着很大差别：窗体主要用来进行数据输入、操作和实现交互，而报表主要用来对数据进行分析、计算、统计、汇总，最后打印。本章将介绍制作报表的相关内容。

本章知识点

> 报表的作用
> 报表的创建
> 报表设计视图的使用
> 报表的简单美化
> 创建高级报表
> 打印报表

重点与难点

◯ 使用报表设计创建报表
◯ 创建标签类型报表
◯ 创建主次报表

6.1　报表简介

　　在报表中，数据可以被分组和排序，然后以分组次序显示数据，也可以把数值的求和、计算的平均值或其他统计信息显示和打印出来。报表具体有以下功能。

　　（1）从多个数据表中提取数据进行比较、汇总和小计。

　　（2）可以生成带有数据透视图或数据透视表的报表，增强数据的可读性。

　　（3）可分组生成数据清单，制作数据标签。

　　（4）可以转换为 PDF、XPS 或其他格式的文件。

6.1.1 报表的视图

为了能够以各种不同的角度与层面来查看报表，Access 2010 为报表提供了多种视图，不同的视图下报表以不同的布局形式来显示数据源。打开任一报表，然后单击屏幕左上角的【视图】按钮下的小箭头，即可弹出视图选择菜单，共有 4 种视图类型：设计视图、布局视图、报表视图和打印预览视图，如图 6-1 所示。

图 6-1　报表视图命令

1. 设计视图

报表的设计视图用来设计和修改报表的结构，添加控件和表达式，设置控件的各种属性，美化报表等，报表的设计视图如图 6-2 所示。在设计视图中创建报表后，可在报表视图和打印预览视图中查看。

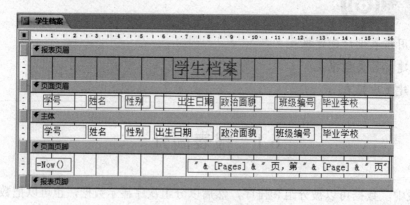

图 6-2　报表的设计视图

2. 布局视图

在布局视图中，用户可以重新布局各种控件，删除不需要的控件，设置各个控件的属性等。利用报表布局工具方便快捷地在设计、格式、排列等方面做出调整，以创建符合用户需要的报表形式。布局视图如图 6-3 所示。

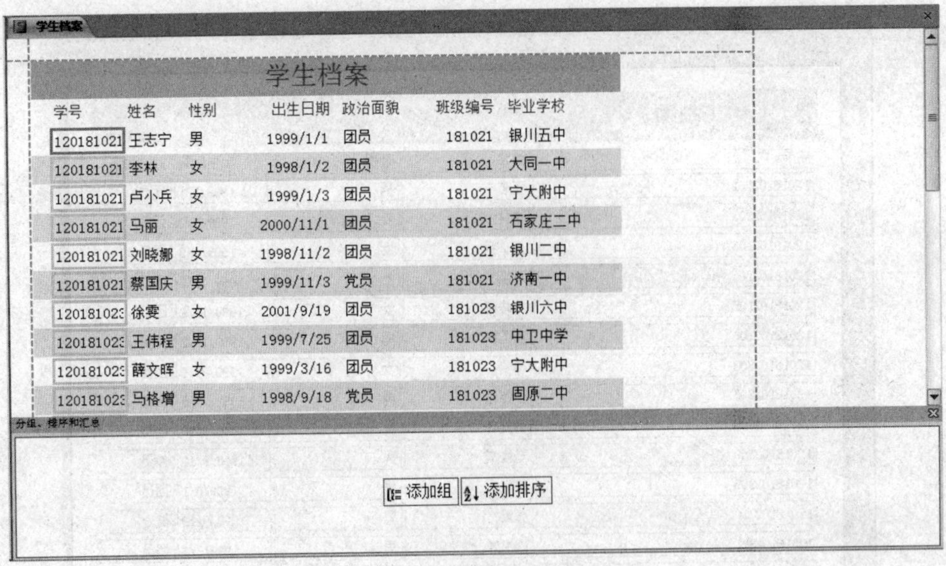

图 6-3　报表的布局视图

3．报表视图

在报表视图中可以执行各种数据的筛选和查看方式，也可以非常方便地对格式进行相关的设置。报表视图如图 6-4 所示。

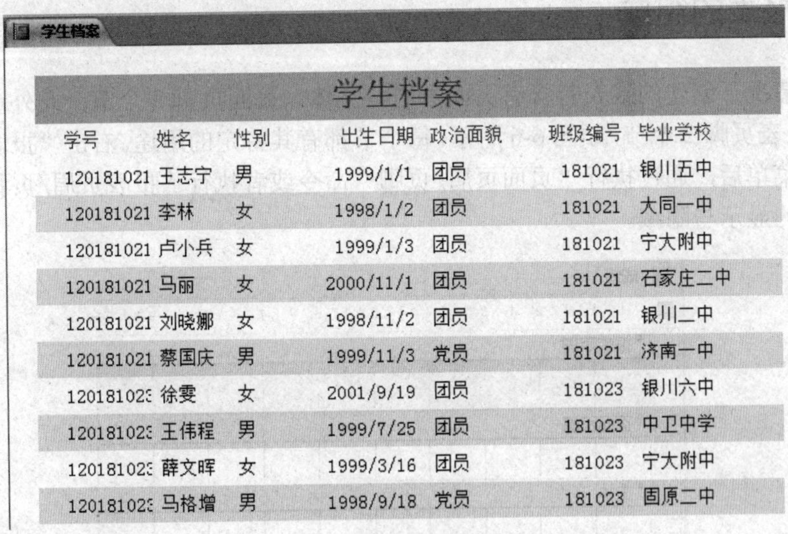

图 6-4　报表视图

4．打印预览视图

在打印预览视图中可以进行报表的页面设置，包括报表纸张大小的设置、页边距的设置、打印方向的设置、是否允许多列等方面；同时还提供了以不同的显示比例、单页和多页的方式来显示报表；最后还可以将报表以 TXT、XLS、PDF、XPS 等格式进行输出。打印预览视图如图 6-5 所示。

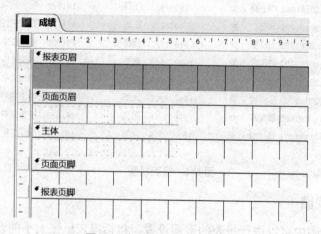

图 6-5　报表的打印预览视图

在以上 4 种报表中，选择不同的视图方式其工具栏中显示的命令不同，因此，用户应该根据自己的需要灵活采用。

6.1.2　报表的组成

默认情况下创建的报表包含有页面页眉、主体、页面页脚 3 个节，此外还包括有报表页眉、报表页脚 2 个节，如图 6-6 所示。每个节都有其特定的用途。右击"报表页眉"，弹出快捷菜单后，通过执行"页面页眉/页脚"命令或者执行"报表页眉/页脚"命令可以选择节的显示与隐藏。

图 6-6　报表的设计视图界面

> **主体**：报表的关键部分，是显示数据的主要区域。记录的显示均通过文本框或其他控件绑定显示，也包括字段的计算结果。每显示一条记录，在该节中设置的其他信息都将重复显示。

> ➤ **页面页眉**：显示报表中各列数据的标题。每页顶端打印一次。
> ➤ **页面页脚**：常用于显示页码等信息。每页底端打印输出。
> ➤ **报表页眉**：常用于显示报表的标题、日期、标志图案等信息。只在第一页的开头打印一次。
> ➤ **报表页脚**：常用于显示日期或整份报表的总计信息。每份报表末尾打印一次。

6.1.3　报表的类型

　　报表主要分为以下 4 种类型：纵栏式报表、表格式报表、图表报表和标签报表。

　　（1）纵栏式报表。窗体式报表，以垂直方式在每页上显示一条或多条记录。

　　（2）表格式报表。分组/汇总报表，它十分类似于用行和列显示数据的表格。在报表中可以将数据分组，并对每组中的数据进行计算和统计。

　　（3）图表报表。图表报表是以图表的方式来显示表或查询中的数据，使用它可以更直观地反映数据之间的关系。

　　（4）标签报表。以类似火车托运行李标签的形式，在每页上以两列或三列的形式显示多条记录。

6.2　报表的创建

6.2.1　使用报表工具创建报表

　　报表工具提供了最快创建报表的方式，它既不向用户提示信息，也不需要用户做任何其他操作就能立即生成报表。在创建的报表中将显示基础表或查询中的所有字段。

　　【例 6-1】在"教学管理"中使用报表工具创建"学生"报表。穷具体操作步骤如下。

Step 01 打开"教学管理"数据库，在导航窗格中双击打开"课程"数据表，如图 6-7 所示。

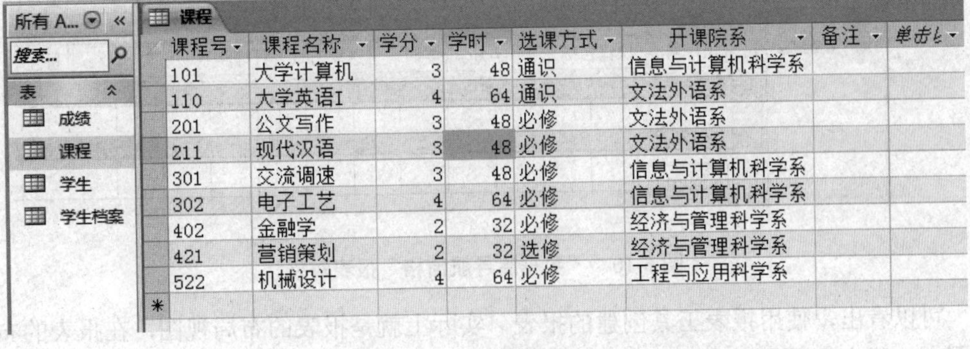

所有 A...	课程号	课程名称	学分	学时	选课方式	开课院系	备注	单击L
搜索...	101	大学计算机	3	48	通识	信息与计算机科学系		
表	110	大学英语I	4	64	通识	文法外语系		
成绩	201	公文写作	3	48	必修	文法外语系		
课程	211	现代汉语	3	48	必修	文法外语系		
学生	301	交流调速	3	48	必修	信息与计算机科学系		
学生档案	302	电子工艺	4	64	必修	信息与计算机科学系		
	402	金融学	2	32	必修	经济与管理科学系		
	421	营销策划	2	32	选修	经济与管理科学系		
	522	机械设计	4	64	必修	工程与应用科学系		

图 6-7　数据表视图

Step 02 在"创建"选项卡中的"报表"组中单击"报表"按钮，Access 会自动创建一个报表，如图 6-8 所示。

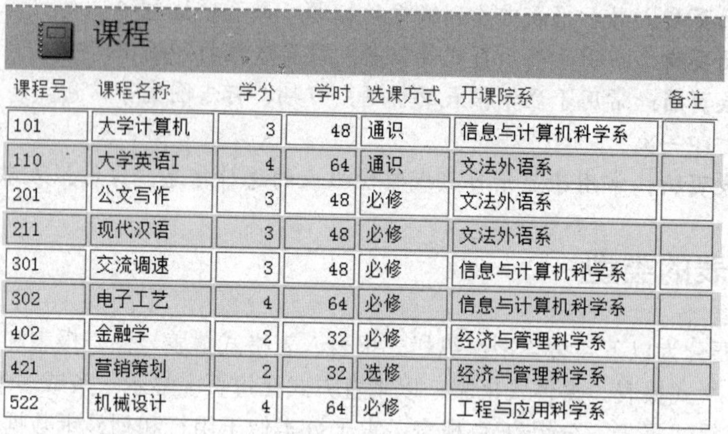

图 6-8　报表的预览视图

Step 03 单击"保存"按钮，弹出如图 6-9 所示的"另存为"对话框。在对话框中输入"课程报表"，单击"确定"按钮。这样在"导航窗格"的报表对象中就增加了一个报表，如图 6-10 所示。

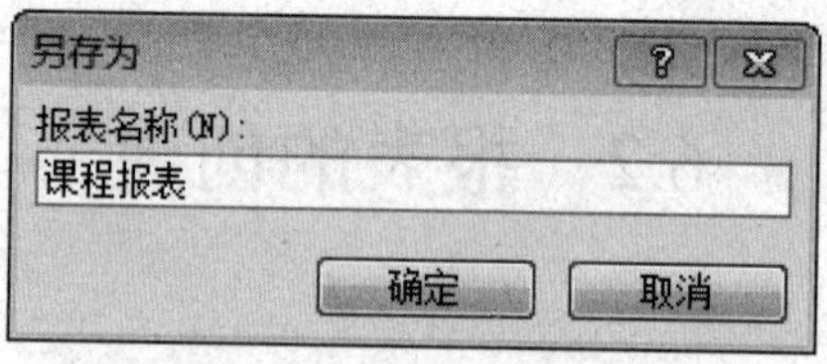

图 6-9　"另存为"对话框

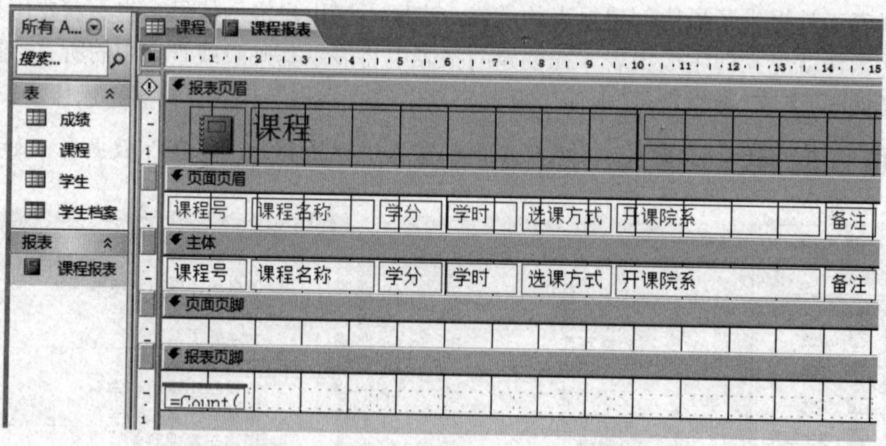

图 6-10　"数据库导航窗格"报表对象

可以看出，使用报表工具创建的报表，实际上就是报表的布局视图，在报表的布局视图中，用户可以利用它删除控件、改变字体的颜色、改变背景颜色等。在进入报表的布局视图和设计视图后，可以看到 Access 的标签栏上多了"报表设计工具"标签，如图 6-11 所示。

图 6-11　"报表设计工具"选项组

6.2.2　使用空报表创建报表

使用空白报表创建报表，是和前面介绍的创建表、窗体等一样，用户可以通过拖动数据表字段，快速的建立一个功能完备的报表。

【例 6-2】在"教学管理"数据库中利用此方法建立"学生档案"报表。其具体操作步骤如下。

Step 01 打开"学生档案"数据表，在"创建"／"报表"选项中单击"空报表"按钮。

Step 02 出现如图 6-12 所示的空报表布局视图。在"字段列表"模板依次将"学生档案"表中的"学号""姓名""性别""毕业学校"等字段可双击或者拖动到主体区中，如图 6-13 所示。

Step 03 单击"保存"按钮，将报表名称存为"学生档案"报表。

图 6-12　"空报表"布局视图 1

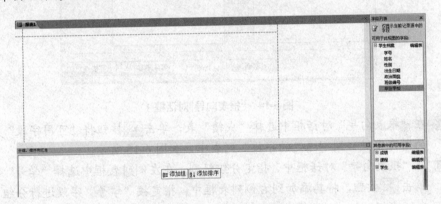

图 6-13　"空报表"布局视图 2

6.2.3 使用报表向导创建报表

使用"报表向导"创建报表,是在向导的引导下,会自动提示相关的数据源、选用字段、是否分组、设置排序和报表版式等,通过逐步应答对话框中的对话而完成报表的设计,操作简单。

【例 6-3】在"教学管理"数据库中使用报表向导创建"成绩"报表。其具体操作步骤如下。

Step 01 打开"教学管理"数据库,在"创建"选项卡中的"报表"组中单击"报表向导"按钮,出现如图 6-14 所示的"报表向导"对话框。

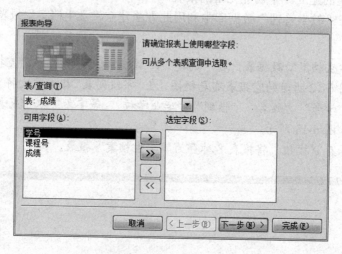

图 6-14 "报表向导"对话框 1

Step 02 在"报表向导"对话框中选择"成绩"表,单击 >> 按钮将"可用字段"列表中的所有字段移到"选定的字段"列表中,如图 6-15 所示。

Step 03 在"报表向导"对话框中,指定分组级别。在左侧列表框中选择"学号"字段,单击 > 按钮,将其添加到右侧列表框中,指定按"学号"字段进行分组,如图 6-16 所示。

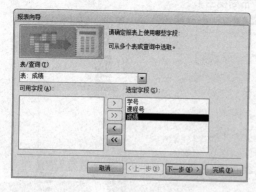

图 6-15 "报表向导"对话框 2

图 6-16 "报表向导"对话框 3

Step 04 单击"下一步"按钮,在该对话框中指定记录的排序次序,在第 1 个下拉列表框中选择"成绩"作为记录排序字段,如图 6-17 所示。单击"汇总选项"按钮,弹出如图 6-18 所示的"汇总选项"对话框。选择对应的选项,单击"确定"按钮,然后返回图 6-17 所示的"报表向导"对话框,单击"下一步"按钮。

Step 05 单击"下一步"按钮,在该对话框中,指定报表的布局样式和方向。这里布局选择"递阶",方向选择"纵向",如图 6-19 所示。

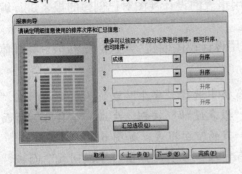

图 6-17　"报表向导"对话框 4

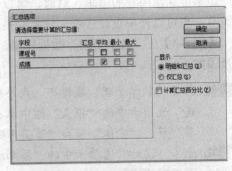

图 6-18　"汇总选项"对话框 5

Step 06 单击"下一步"按钮,出现如图 6-20 所示的"报表向导"对话框。在该话框中为报表指定标题为"成绩报表",并确定是预览报表还是修改报表,然后单击"完成"按钮。最终的报表如图 6-21 所示。

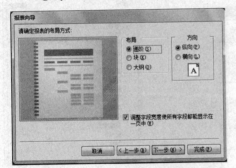

图 6-19　"报表向导"对话框 6

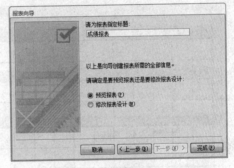

图 6-20　"报表向导"对话框 7

成绩报表

学号	成绩	课程号
12018102101		
	89	101
汇总 '学号' = 12018102101 (1 明细记录)		
平均值	89	
12018102102		
	97	201
汇总 '学号' = 12018102102 (1 明细记录)		
平均值	97	
12018102103		
	96	211
汇总 '学号' = 12018102103 (1 明细记录)		
平均值	96	
12018102104		
	69	522
汇总 '学号' = 12018102104 (1 明细记录)		
平均值	69	
12018102306		

图 6-21　"成绩报表"效果图

6.2.4 使用设计视图创建报表

在 Access2010 中,使用"报表"按钮和"报表向导"按钮创建的报表格式比较固定单一,不能满足用户的需求。这时,可以使用报表的设计视图对已创建的报表进行编辑和调整,也可以使用设计视图创建新的报表。

【例 6-4】在"教学管理"数据库中,使用设计视图创建"学生成绩"报表。其具体操作步骤如下。

Step 01 打开"教学管理"数据库,在导航窗格中选择"学生"表作为数据源。在"创建"选项卡中的"报表"组中单击"报表设计"按钮,生成一个具有"页面页眉"节、"主体"节和"页面页脚"节的空白报表,如图 6-22 所示。

Step 02 点击"设计"选项卡中的"添加现有字段"命令,弹出"字段列表"面板,如图 6-23 所示。

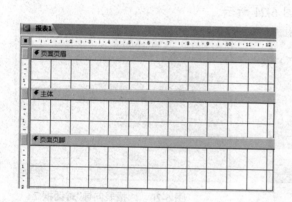

图 6-22 设计视图中的空白报表

图 6-23 "字段列表"面板

Step 03 在报表设计区右击弹出快捷菜单,选择"页眉/页脚"选项,报表中会添加报表的页眉和页脚区。

Step 04 在报表的页眉中添加一个标签控件,"标题"属性为"学生成绩统计表","字体名称"属性为黑体,"字号"属性为 20,并插入系统日期、标签控件和日期的位置,如图 6-24 所示。

Step 05 向页面页眉中添加 5 个标签控件,标签"标题"属性分别输入"学号""姓名""课程名称"和"成绩",再向页面页眉中添加一个矩形控件。调整标签控件和矩形控件的位置,效果如图 6-24 所示。

Step 06 将"学号""姓名""课程名称"和"成绩"字段从字段列表中拖放到主体节,在主体节区域会显示 4 个与字段名称相同的文本框。

Step 07 将"学号""姓名"两个文本框从主体节移动到组页眉节。

Step 08 在组页脚添加一个标签,标题为"平均成绩",并在底部添加两个直线控件,作为每组记录的分界线。调整标签控件和直线控件的位置。

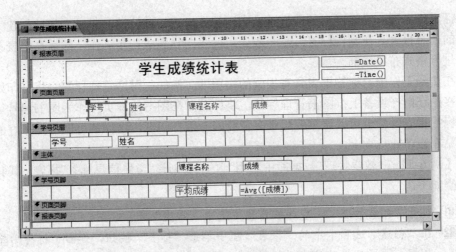

图 6-24 "学生成绩统计"报表设计视图

Step 09 单击"分组和排序"按钮，以"学号"进行分组，升序排列，有页眉节、页脚节，并在组页脚中对"成绩"进行求平均值，如图 6-25 所示。

图 6-25 "分组、排序和汇总"窗口

Step 10 单击"视图"下拉菜单中的"打印预览"按钮显示报表，如图 6-26 所示，然后以"学生成绩统计报表"保存该报表。

图 6-26 "学生成绩统计表"报表效果图

6.2.5 创建标签报表

标签是一种可以快速查找和定位的工具，Access 中的标签报表完全根据标签纸的大小灵活进行布局。通过已有的数据源，利用标签报表的独特性，可以方便地创建大量标签式的信息报表。在制作标签时，一般先用标签向导完成初步制作，然后在报表设计视图中进行格式布局修饰。

在实际工作中，标签报表具有很强的实用性。例如：财产管理标签，将打印好的标签直接贴在财产设备上；图书管理标签，将标签贴在图书的扉页上作为图书编号等。在打印标签报表时甚至可以直接使用带有背胶的专用打印纸，这样就可以将打印好的报表直接贴在设备或货物上。

【例 6-5】在"教学管理"数据库中利用"学生"表创建"考生信息标签"报表。其具体操作步骤如下。

Step 01 打开"教学管理"，在导航窗格中选中"学生"表。

Step 02 在"创建"选项卡中的"报表"组中单击"标签"按钮，弹出"标签向导"对话框，设置标签的尺寸，如图 6-27 所示。

Step 03 单击"下一步"按钮，在打开的对话框中对标签中文字的字体、大小、颜色等进行设置，这里选择字体为"宋体"，字号为"11"，字体粗细为"细"，文本颜色为"黑色"，如图 6-28 所示。

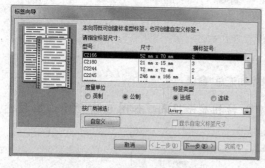

图 6-27 "标签向导"对话框 1 ｜ 图 6-28 "标签向导"对话框 2

Step 04 单击"下一步"按钮，在弹出的对话框中可以指定创建标签要使用的字段，双击选择"学号""姓名""性别""院系" 4 个字段。在对话框右侧的"原型标签"列表框中，可以进一步设计标签的样式，如图 6-29 所示。

Step 05 单击"下一步"按钮，在打开的对话框中设置排序字段，双击选择"学号"字段进行排序，如图 6-30 所示。

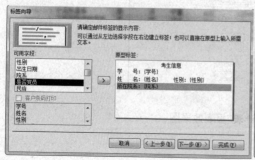

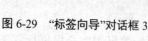

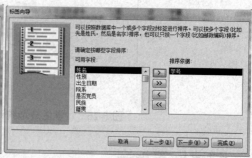

图 6-29 "标签向导"对话框 3 ｜ 图 6-30 "标签向导"对话框 4

Step 06 单击"下一步"按钮，在打开的对话框中为标签报表指定名称为"考生信息"，选择"查看标签的打印预览"，单击"完成"按钮。

Step 07 进行局部调整。右击设计区，在弹出的快捷菜单中选择"设计视图"选项，将主体的区域缩小，增加矩形控件放置在底层。设计效果如图 6-31 所示，最终打印预览效果如图 6-32 所示。

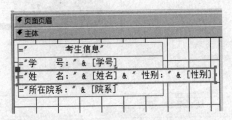

图 6-31 "考生信息标签"设计视图

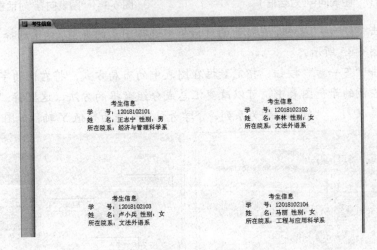

图 6-32 "学生标签"效果图

6.2.6 创建图表报表

使用图表报表可以将数据以图表的形式形象、直观地反映出来。在 Access2010 中，用户可以在空报表或设计视图中添加"图表"控件，使用"图表"控件激活"图表向导"，从而完成图表报表的创建。

【例 6-6】在"教学管理"数据库中使用"学生档案"表创建"学生基本情况统计图表"报表。其具体操作步骤如下。

Step 01 打开"教学管理"数据库，在"创建"选项卡中的"报表"组中单击"报表设计"按钮，打开一个具有"页面页眉"节、"主体"节、"页面页脚"节的空白报表。

Step 02 在"报表设计工具" / "设计"选项卡"控件"组中单击"图表"按钮，在报表的"主体"节中放置控件，即弹出"图表向导"对话框，如图 6-33 所示。

Step 03 可以选择表或查询来创建图表向导，这里选择"学生"表作为数据源，单击"下一步"按钮，在打开的对话框中，单击 ▶ 按钮选择"学号""姓名""政治面貌"作为创建图表的字段，如图 6-34 所示。

图 6-33　"图表向导"对话框 1　　　　　　　　图 6-34　"图表向导"对话框 2

Step 04 单击"下一步"按钮，在打开的对话框中选择图表的类型。这里选择"柱形图"，如图 6-35 所示。

Step 05 单击"下一步"按钮，指定数据在图表中的布局方式。将右侧的字段选中拖动到左侧的示例图表中，可以改变汇总或分组数据的方法，这里将"学号"作为分类 X 轴，"姓名"作为系列，"学号计数"作为数值 Y 轴，如图 6-36 所示。

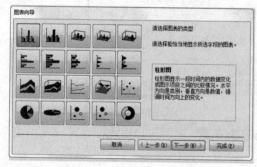

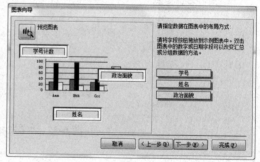

图 6-35　"图表向导"对话框 3　　　　　　　　图 6-36　"图表向导"对话框 4

Step 06 单击"下一步"按钮，在打开的对话框中为图表指定标题为"学生情况统计"，选择"是，显示图例"，如图 6-37 所示，然后单击"完成"按钮。图表的设计视图如图 6-38 所示。最后以"学生基本情况统计图表报表"保存报表。

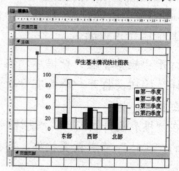

图 6-37　"图表向导"对话框 5　　　　　图 6-38　"学生基本情况统计图表报表"设计视图

在打印预览视图下可以查看报表结果，打印预览效果如图 6-39 所示。

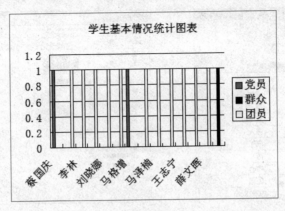

图 6-39　"学生基本情况统计图表"打印预览效果图

6.3　报表的编辑和布局

报表创建好之后，可以使用报表的设计视图对已经创建的报表进行编辑、修改以及美化，例如：设置报表的格式、添加背景图像、插入页码及日期和时间等。

6.3.1　设置报表格式

报表创建完成后，可以根据所选内容，进行关于字体、显示格式、背景、控件格式等方面的设置，如图 6-40 所示。

图 6-40　"格式"选项卡

6.3.2　添加背景图案

添加背景图案可以增加报表的美观效果。

【例 6-7】在"教学管理"数据库中给"考生信息"标签报表添加背景图案。其具体操作步骤如下。

Step 01 打开"考生信息"标签报表，切换到设计视图，打开"报表设计工具/设计"选项卡下的"属性表"面板。

Step 02 在"属性表"窗口中，单击"格式"选项卡，可以使用图片相关属性设置报表背景效果，如图 6-41 所示。

Step 03 单击"图片"属性右侧的 … 按钮，弹出"插入图片"对话框，如图 6-42 所示。

图 6-41　报表"属性表"面板　　　　　　　图 6-42　"插入图片"对话框

Step 04 设置背景图片其他属性：在"图片类型"属性框中选择"嵌入""链接"或"共享"图片方式；在"图片平铺"属性框中选择"是"或"否"；在"图片对齐方式"属性框中选择图片对齐方式；在"图片缩放模式"属性框中选择"剪辑""拉伸"或"缩放"等图片大小调整方式；在"图片出现的页"属性中选择"所有页""第一页"或"无"。设置结果如图 6-43 所示。

Step 05 在该对话框中，选择要作为报表背景的图片文件，然后单击"确定"按钮，将选择的图片文件插入到报表中，然后切换到"报表视图"，最终效果如图 6-44 所示。

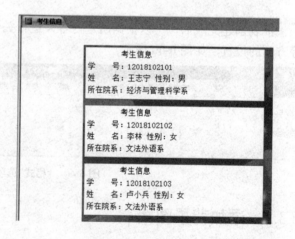

图 6-43　报表属性设置结果　　　　　图 6-44　添加背景图片后的"考生信息"标签报表

6.3.3　使用分页符强制分页

在打印输出报表时，默认情况下，一页打印完之后会自动将余下的内容打印在下一页上，也可以在一页未打印完时将后面内容打印到新的一页上，这时需要在报表中添加分页符。

第6章   报表的创建与使用

【例 6-8】在"教学管理"数据库中为"课程"报表添加分页符。其具体操作步骤如下。

Step 01 使用设计视图打开"成绩"报表。

Step 02 打开"报表设计工具/设计"选项卡下的"控件"组中，单击"插入分页符"按钮。

Step 03 单击报表中需要设置分页符的位置，添加的分页符会以短虚线标志显示在报表的左边界上。效果如图 6-45 所示。

注：分页符应设置在某个控件之上或之下，以免拆分了控件中的数据。

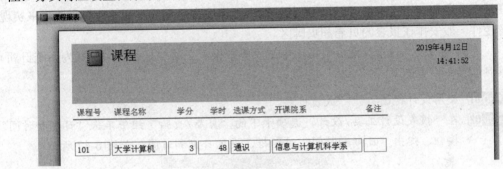

图 6-45   "分页打印课程"报表效果图

6.3.4   添加页码

在报表中添加页码的具体步骤如下。

Step 01 使用设计视图打开报表。

Step 02 在"报表设计工具/设计"选项卡下的"页眉/页脚"组中，单击"页码"按钮，打开页码对话框，如图 6-46 所示。

图 6-46   "页码"对话框图

Step 03 在"页码"对话框中，可以根据需要设置页码的格式、位置和对齐方式。对齐方式有以下 5 种。

➤ **左**：在左页边距添加文本框。

➤ **中**：在左、右页边距的正中添加文本框。

➤ **右**：在右页边距添加文本框。

➤ **内**：在左、右页边距之间添加文本框，奇数页打印在左侧，偶数页打印在右侧。

➢ **外:** 在左、右页边距之间添加文本框，偶数页打印在左侧，奇数页打印在右侧。

Step 04 单击"确定"按钮，页码添加完成。

6.3.5　添加日期和时间

添加日期和时间的具体操作步骤如下。

（1）使用设计视图打开报表，单击"日期和时间"按钮。

（2）在打开的对话框中选择显示的日期和时间及格式，单击"确定"按钮。也可以在报表上添加一个文本框，通过设置其控件来源属性为日期或时间的计算表达式来实现。该控件一般安排在报表的页眉和页脚区。

【例 6-9】在"教学管理"数据库中给"成绩报表"添加报表打印日期为系统日期。其具体操作步骤如下。

Step 01 使用设计视图打开"成绩报表"。

Step 02 在"报表设计工具/设计"选项卡下的"页眉/页脚"组中单击"日期和时间"按钮，弹出"日期和时间"对话框，设置日期和时间，如图 6-47 所示。

图 6-47　"日期和时间"对话框

Step 03 单击"确定"按钮，最终设计视图如图 6-48 所示，效果如图 6-49 所示。

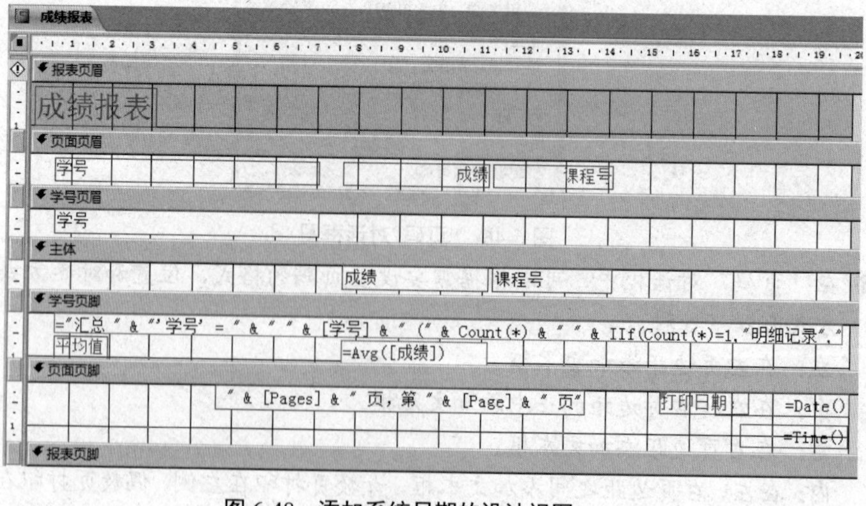

图 6-48　添加系统日期的设计视图

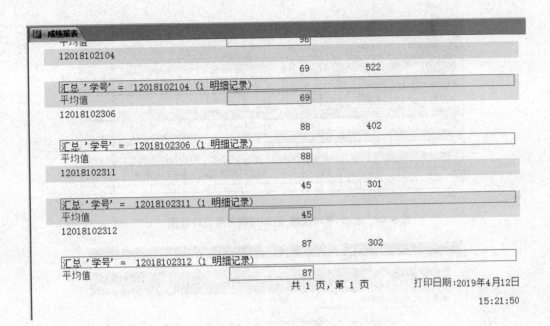

图 6-49　添加系统日期后的报表效果图

6.3.6　使用节

报表中的内容是以节划分的。每一个节都有其特定的作用，而且按照一定的顺序输出在页面及报表上。在设计视图中，节代表各个不同的带区，每一节只能被指定一次。在打印报表中，某些节可以指定多次，可通过放置控件来确定在节中显示内容的位置。

在 Access 2010 中，使用报表设计视图同样可以创建报表和修改已有的报表。对节的操作包括添加或删除节、改变节的大小及为节或控件指定颜色等。使用节的具体操作步骤如下。

（1）在设计视图中打开报表。

（2）单击工具箱中的文本框。

（3）如果要计算一组记录的值，将文本框加到组页眉/脚，如果是对所有记录的计算，则加到报表的页面/页脚。

（4）在文本框中输入使用的函数。

【例 6-10】在"教学管理"数据库中给"成绩报表"添加所有学生的平均成绩。其具体操作步骤如下。

Step 01 在设计视图中打开"成绩报表"。

Step 02 单击"报表设计工具/设计"选项卡下的"控件"组中的 "文本框"按钮。

Step 03 将"文本框"加到报表页脚，在文本框中输入 "=Avg（[成绩]![成绩]）"。单击"报表设计工具/设计"选项卡下的"控件"组中的 "标签"按钮，并添加标签为"学生平均成绩："。最终设计视图如图 6-50 所示，效果如图 6-51 所示。

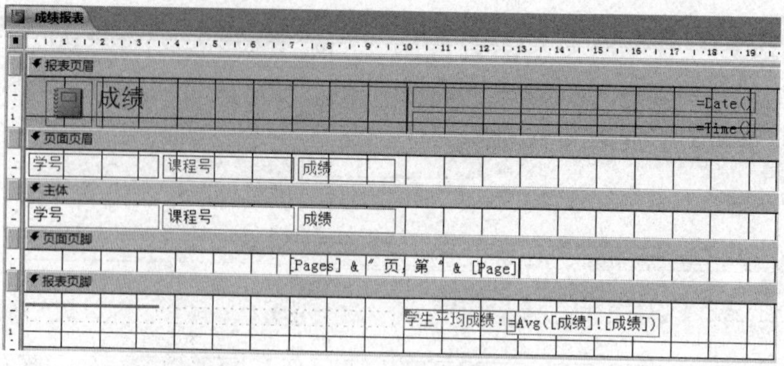

图 6-50 添加"平均成绩"后的成绩报表设计视图

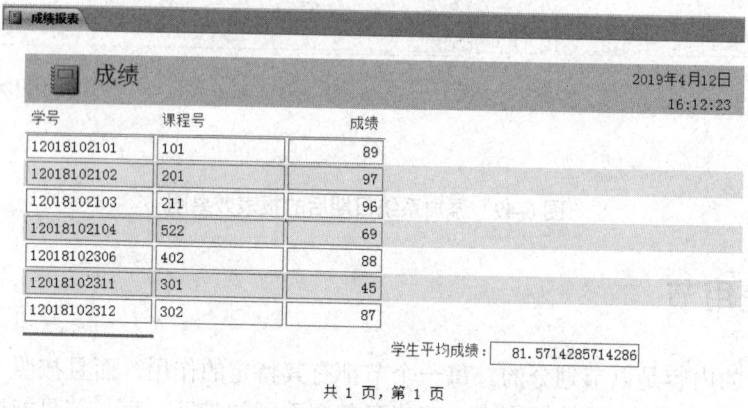

图 6-51 添加"平均成绩"的成绩报表效果图

6.4 创建高级报表

创建高级报表主要用于显示和打印的报表也可以利用各种控件，建立各种专业的高级报表，完成各种复杂的功能。

6.4.1 创建多列报表

多列报表是指在报表的一个页面中打印两列或多列的报表，这类报表最常见的形式是标签报表。也可以将设计好的一个普通报表设置成多列报表，有时由于单个信息量太少，不需要太宽的纸张，为了降低浪费，可以在一个页面中打印多列。

【例 6-11】在"教学管理"数据库中使用"学生"表创建一个多列的"考生信息"报表。其具体操作步骤如下。

Step 01 使用"标签"创建一个单列的"考生信息"标签报表。

Step 02 单击"报表设计工具/页面设置"选项中的"页面设置"按钮，在打开的对话框中，根据需要设置列数为"2"，在"行间距"文本框中输入"主体"节中每个标签记录之间的垂直距离，在"列间距"文本框输入各标签之间的距离，在"列尺寸"区域中的"宽度"文本框中输入单个标签的宽度值，在"高度"文本框中输入单个标签的高度值。也可以用鼠标拖动节的标尺来直接调整"主体"节的高度。在"列布局"区域中选中"先列后行"或"先行后列"单选按钮设置列的输出布局，如图 6-52 所示。

Step 03 如果设计不能满足要求，则在设计视图中调整报表的主体节的控件，最终设计视图如 6-53 所示。

图 6-52　"页面设置"对话框　　　　图 6-53　"学生基本情况"报表设计视图

Step 04 单击"确定"按钮，完成报表设计，最后预览并保存报表，如图 6-54 所示。

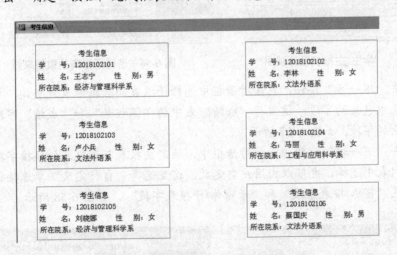

图 6-54　多列"考生信息"报表效果图

6.4.2　子报表的创建和链接

子报表是建立在其他报表中的报表，此时将其他报表称为主报表，在主报表中创建的报表称为子报表。主报表有两种，即绑定和非绑定的，绑定的主报表基于表、查询或 SQL 语句等数据源。主报表与子报表之间往往存在链接关系。子报表的数据可以是表、查询、窗体、报表等数据库对象。

1．在已有报表中创建子报表

在已经建好的报表中插入子报表，可以利用"子窗体/子报表"控件，然后按子报表向导的提示进行操作。

【例 6-12】在"教学管理"中创建一个"学生基本信息"报表，包含"学生"表中的"学号""姓名""性别""院系"字段，插入子报表，内容为"成绩"表的"课程号"和"成绩"。其具体操作步骤如下。

Step 01 首先创建基于"学生"表的主报表，包含字段"学号""姓名""性别"、"院系"字段，并适当调整其控件布局和纵向外观显示，为子报表留出适当的位置。

Step 02 切换到设计视图，在"报表设计工具/设计"选项卡下的"控件"组，单击"子窗体/子报表"按钮，添加控件至主体节，效果如图 6-55 所示，同时弹出"子报表向导"对话框，如图 6-56 所示。在该对话框中，选择子报表的数据来源，这里选择"使用现有的表和查询"。

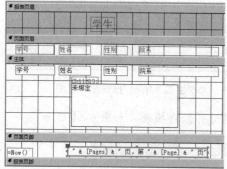

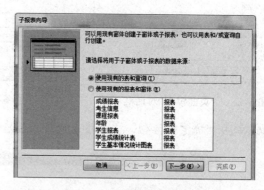

图 6-55　"学生"主报表设计视图　　　　图 6-56　选择子报表的数据来源

Step 03 单击"下一步"按钮，在该对话框中选择子报表的数据源表或查询，再选定子报表中包含的字段。这里将"成绩"表中的"课程号"和"成绩"字段作为子报表的字段。如图 6-57 所示。

Step 04 单击"下一步"按钮，在该对话框中，确定主报表与子报表的链接字段。可以从列表中选择，也可以由用户自定义。这里选择"自行定义"单选按钮，分别设置"窗体/报表字段"和"子窗体/子报表字段"，如图 6-58 所示。

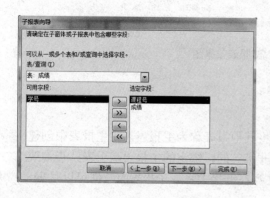

图 6-57　选择子报表中包含的字段　　　　图 6-58　确定主报表和子报表的链接字段

Step 05 单击"下一步"按钮，在该对话框中，为子报表指定名称，单击"完成"按钮。
适当调整报表版面布局，设置结果如图 6-59 所示。

Step 06 打印预览报表，结果如图 6-60 所示，最后保存报表。

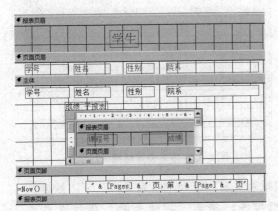

图 6-59 子报表的设置结果   图 6-60 子报表的预览结果

2. 通过将报表添加到其他报表中建立子报表

在 Access 2010 中，可以先分别建好两个报表，然后将一个报表添加到另一个报表中，从而建立子报表，操作方法如下。

（1）在报表设计视图中，打开希望作为主报表的报表。

（2）确保已经选中"控件"命令组中的"使用控件向导"命令，将希望作为子报表的报表从导航窗格拖到主报中需要添加子报表的节区，这样 Access 2010 就会自动将子报表控件添加到主报表中。

（3）调整、预览并保存报表。

6.4.3 报表中的统计运算

在设计报表时，除了由系统自动为字段生成的文本框绑定控件显示字段数据外，有时还需要通过已有字段计算出其他结果，并在报表中显示出来。例如："学生成绩表"中没有"总分"字段，但可以通过现有字段计算得到。

【例 6-13】在"教学管理"数据库中创建一个"年龄报表"，要求显示姓名、出生日期和年龄等信息，最后显示全体学生的平均年龄。其具体操作步骤如下。

Step 01 打开报表设计视图，单击"工具"组中的"添加现有字段"按钮，并在"字段列表"中将"学生档案表"中的"姓名"和"出生日期"字段拖动到报表"主体"节中。

Step 02 在"主体"节中添加一个文本框控件，将其"控件来源"属性设置为"=Year(Date())-Year([出生日期])"，设置"控件来源"属性可点击"控件来源"属性右侧的 ... 按钮，弹出"表达式生成器"对话框，并在该对话框中编辑属性内容，如图 6-61 所示。同时将附加标签控件的"标题"属性设置为"年龄"。

图 6-61　"表达式生成器"对话框

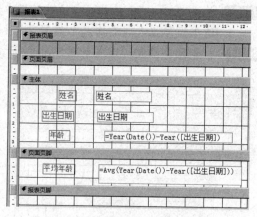

图 6-62　报表设置结果

Step 03 右击报表设计视图的空白处，添加"报表页眉"节和"报表页脚"节，然后在"报表页脚"节中添加一个文本框控件，将其"控件来源"属性设置为"=Avg(Year(Date())-Year([出生日期]))"，同时将附件标签控件的"标题"属性设置为"平均年龄"，如图 6-62 所示。

Step 04 利用打印预览视图查看报表，预览结果如图 6-63 所示。

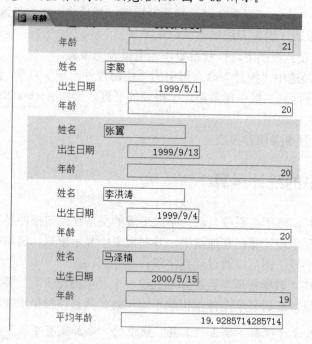

图 6-63　"平均年龄报表"效果图

6.4.4　报表排序和分组

在默认情况下，报表中的记录是按照数据输入的先后顺序进行显示的，但在具体应用中，经常要求输出的记录要按照某个指定的顺序来排列，如按照总分从高到低排列。

此外，报表还经常需要就某个字段按照其值的相等与否划分成组来进行一些统计操作并输出统计信息。

1．记录排序

设置记录排序，可以在"报表向导"或设计视图中进行。在"报表向导"中，最多只能设置 4 个排序字段，并且排序只能是字段，不能是表达式；在设计视图中，最多可以设置 10 个字段或字段表达式。

【例 6-14】在"教学管理"数据库中，将"学生"报表按入学成绩从低到高顺序输出。其具体操作步骤如下。

Step 01 在设计视图中打开"学生"报表，单击"报表设计工具/设计"选项卡下"分组和汇总"命令组中的"分组和排序"按钮，显示"分组、排序和汇总"窗格，如图 6-64 所示。

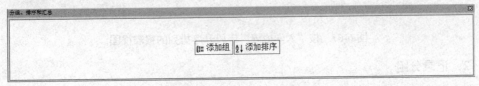

图 6-64　"分组、排序和汇总"窗格

Step 02 单击"添加排序"按钮，打开字段列表，如图 6-65 所示，选择"成绩"字段，设置排序方式为"升序"，如图 6-66 所示。

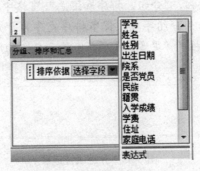

图 6-65　字段列表

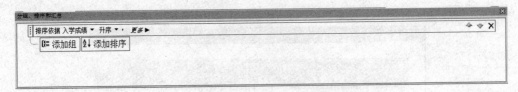

图 6-66　"分组、排序和汇总"窗口

Step 03 单击"视图"下拉按钮，切换到报表视图中显示报表，可以看到报表中显示的数据是按"入学成绩"字段从低到高排列的，如图 6-67 所示。

学生					
学生					
学号	姓名	性别	院系	入学成绩	籍贯
120181023	马格增	男	工程与应用科学系	411	宁夏
120181023	徐雯	女	工程与应用科学系	412	宁夏
120181023	张翼	男	经济与管理科学系	418	宁夏
120181023	王伟程	男	经济与管理科学系	420	宁夏
120181021	王志宁	男	经济与管理科学系	426	宁夏
120181023	薛文晖	女	文法外语系	431	宁夏
120181021	卢小兵	女	文法外语系	432	宁夏
120181021	刘晓娜	女	经济与管理科学系	433	宁夏
120181023	李洪涛	男	信息与计算机科学系	467	甘肃
120181021	李林	女	文法外语系	489	山西
120181021	马丽	女	工程与应用科学系	502	河北
120181021	蔡国庆	男	文法外语系	530	山东
2019年4月13日				共 1 页, 第 1 页	

图 6-67　按"入学成绩"字段升序排列的报表视图

2. 记录分组

【例 6-15】修改"年龄"报表,显示男女学生的平均年龄。其具体操作步骤如下。

Step 01 在设计视图中打开"学生"报表,单击"报表设计工具/设计"选项卡下"分组和汇总"命令组中的"分组和排序"按钮,显示"分组、排序和汇总"窗格。

Step 02 单击"添加组"按钮,"分组、排序和汇总"窗格中将添加"分组形式"栏,选择"性别"字段作为分组字段,保留排序次序为"升序"。

Step 03 单击"分组形式"栏的"更多"选项,将显示分组的所有选项,如图 6-68 所示。

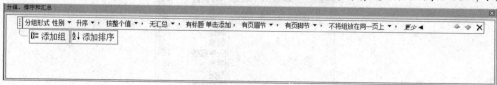

图 6-68　分组属性选项

Step 04 切换到报表视图中显示报表,按照"性别"分组后的"学生"报表如图 6-69 所示。

年龄		
分组计算年龄		
男	平均年龄	20
女	平均年龄	19.8333333333333
	平均年龄	19.9285714285714

图 6-69　报表分组统计预览结果

第 7 章　宏的建立与使用

本章导读

　　宏也是一种操作命令，它与菜单操作命令相似，不同的是菜单命令一般用在数据库的设计过程中，而宏命令则用在数据库的执行过程中，且宏命令能在数据库中自动执行。宏又是数据库中的一个对象，它和内置函数一样，可为应用程序的设计提供各种基本功能。

本章知识点

> ➢ 宏的基本概念
> ➢ 宏的创建及操作方法
> ➢ 宏的运行与调试方法
> ➢ 宏中条件的使用
> ➢ 常用宏操作

重点与难点 ◎

> ● 掌握宏的创建及操作方法。
> ● 掌握宏的运行与调试方法。
> ● 掌握宏中条件的使用。

7.1　宏的基本知识

7.1.1　宏对象

　　宏对象是由一个或一个以上的宏操作构成，每一个宏操作可以完成一个特定的数据库动作，宏实现中间过程是自动的。宏可以独立存在，但通常是和命令按钮、文本框窗体和报表中控件一起出现，用来自动执行任务的一个操作或一组操作。通过驱动"命令按钮"而运行，如单击某个"命令按钮"验证登录、打开表、打开查询、打开窗体和打印报表等。

Access 2010 提供了 80 多个可选的宏操作命令,用户可以根据需要利用这些命令设计功能多样的应用程序。根据宏的用途,可以将宏分为 4 类:分别是打开和关闭数据库对象、提示消息、窗口显示控制、筛选查询数据或定位记录,如表 7-1～表 7-4 所示。

表 7-1　打开或关闭数据库对象的宏操作

宏名	作用
OpenForm	打开窗体
OpenQuery	打开查询
OpenReport	打开报表
OpenTable	打开表
CloseWindo	关闭指定的数据库对象,包括表、查询、窗体和报表

表 7-2 提示消息的宏操作

宏名	作用
Beep	使计算机的扬声器发出嘟嘟声
MessageBox	显示消息框

表 7-3　窗口显示控制的宏操作

宏名	作用
MaximizeWin	最大化活动窗口
MinimizeWind	最小化活动窗口
RestoreWindo	将已最大化或最小化的窗口恢复为原来大小

表 7-4　打开或关闭数据库对象的宏操作

宏名	作用
FindRecord	查找符合指定条件的第一条记录
FindNextRecor	查找符合指定条件的下一条记录
GoToRecord	在表、查询和窗体中添加新记录或将光标移动到指定的记录

7.1.2　宏设计窗口

宏设计器是创建宏的唯一环境。在宏设计器窗口中可以完成添加宏、设置操作参数、删除宏、更改宏操作的顺序、添加注释、分组等操作。

单击"创建"选项卡"宏与代码"组中的"宏"按钮,可以进入宏生成器窗格,即宏设计器窗口,如图 7-1 所示。

为了方便用户根据需要选择宏操作,Access 用"操作目录"面板分类列举出了所有宏操作命令,如图 7-2 所示。选择某个操作命令后,在该面板下半部分会显示相应的操作说明信息。

图 7-2　"操作目录"面板

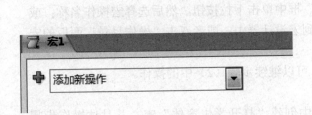

图 7-1　宏设计器窗口

例如，用户双击"操作目录"面板中"数据库对象"中的"OpenForm"后，在宏设计界面中添加了"OpenForm"操作，并在操作名称下方出现 6 个参数供用户根据需要来设置。将光标指向各个参数时，系统会显示相应的说明信息，如图 7-3 所示。

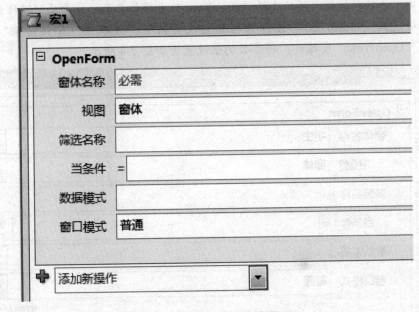

图 7-3　"OpenForm"宏设计界面

7.2　宏的创建和使用

在使用宏之前，必须先创建宏。创建宏的过程主要有指定宏名、添加操作、设置操作参数等。在 Access 中，宏可以分为两类：一类是独立的宏，它可以包含在一个宏对象中；另一类就是嵌入式宏，宏可以嵌入到窗体、报表或控件的任何事件属性中，成为所嵌入到的对象或控件的一个属性。

7.2.1　独立宏的创建

创建宏是在宏设计器窗口中进行。其基本步骤如下。

（1）打开宏设计器窗口。

（2）添加宏操作并设置操作参数。添加宏操作有如下方法：在"添加新操作"框中输入宏操作名称；或者在"添加新操作"框中单击下拉按钮，然后选择宏操作名称；或者从"操作目录"面板选择宏操作后拖到宏设计器中；或者双击"操作目录"面板的宏操作。

（3）如果需要添加更多的宏操作，可以继续步骤（2）中的操作。

（4）输入完毕后，保存宏。

【例 7-1】在"教务管理数据库"中创建"打开学生窗体"宏。其具体操作步骤如下。

Step 01 打开"教务管理数据库"。

Step 02 单击"创建"选项卡"宏与代码"组中的"宏"按钮，可以进入宏生成器窗格。

Step 03 在"添加新操作"框中输入"OpenForm"宏操作名称；或在"添加新操作"框中单击下拉按钮，然后选择"OpenForm"宏操作名称；或者从"操作目录"面板选择"OpenForm"宏操作拖到宏设计器中；或双击"操作目录"面板的"OpenForm"宏操作。将参数的值设置为如图 7-4 所示。

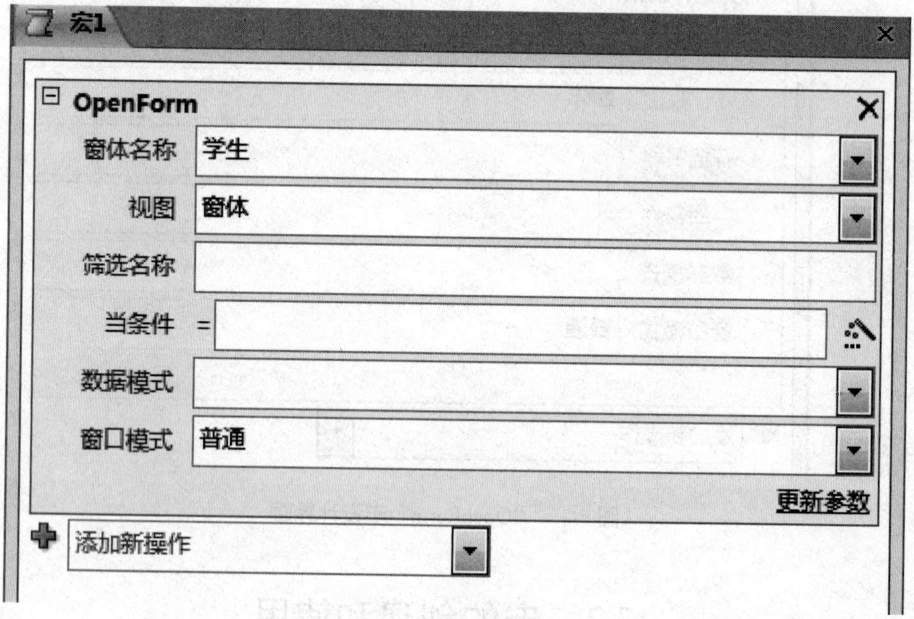

图 7-4　"OpenForm"宏操作设计界面

Step 04 保存宏。单击"保存"图标，在打开的"另存为"对话框中输入"打开学生窗体宏"，单击"确定"按钮。这样在数据库导航窗格的宏对象中就增加了一个"打开学生窗体宏"，效果如图 7-6 所示。

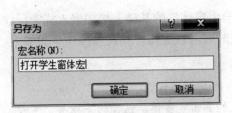

图 7-5　"另存为"对话框

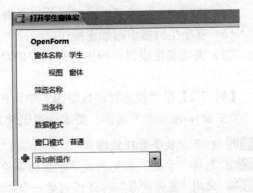

图 7-6　"打开学生窗体宏"效果图

7.2.2　嵌入式宏的创建

嵌入式宏可以使数据库更易于管理，因为不必跟踪包含窗体或报表的宏的各个宏对象。另外，在每次复制、导入或导出窗体或报表时，嵌入式宏像其他属性一样随附于窗体或报表中。创建嵌入式宏的操作步骤如下。

（1）打开数据库。

（2）选择窗体或报表对象，并选择"设计视图"选项，进入"设计视图"。

（3）单击工具组中的"属性表"按钮，弹出属性表对话框，并切换到"事件"选项卡，如图 7-7 所示。

（4）单击"无数据"行右侧省略号按钮，弹出"选择生成器"对话框，如图 7-8 所示。

图 7-7　"属性表"对话框

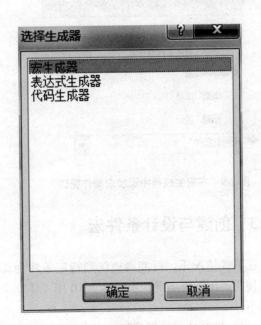

图 7-8　"选择生成器"对话框

（5）选择"宏生成器"选项并单击"确定"按钮，进入宏生成器。

（6）在宏生成器中添加宏操作。

（7）关闭宏生成器，弹出保存该宏的对话框，单击"是"按钮，完成嵌入式宏的创建。

【例 7-2】在"教务管理数据库"中，在"学生窗体"的基础上增加嵌入式宏，成为"学生窗体-增加宏"窗体。要求：当记录为空时取消该窗体。其具体操作步骤如下。

Step 01 打开"教务管理数据库"。

Step 02 先将"学生"表复制成"学生的备份"，只复制结构。

Step 03 使用"窗体向导"对话框创建一个"学生的备份"窗体，包含的字段有"学号""姓名""性别""院系"以及"入学成绩"字段。

Step 04 单击工具组中的"属性表"按钮，弹出属性表窗格，并切换到如图 7-7 所示的"事件"选项卡。

Step 05 单击"无数据"行右侧的省略号按钮，弹出"选择生成器"对话框。

Step 06 选择"宏生成器"选项并单击"确定"按钮，进入宏生成器。

Step 07 在宏生成器中添加宏操作，如图 7-9 所示。

Step 08 关闭宏生成器，弹出保存该宏的对话框，单击"是"按钮，完成嵌入式宏的创建。

Step 09 进入窗体的"设计视图"，在"无数据行"行中出现"嵌入的宏"字样，表明嵌入宏已经创建完成。

Step 10 保存"学生窗体-增加宏"窗体。

查看创建嵌入式宏后的效果。双击导航窗格中的"学生窗体-增加宏"窗体，弹出"窗体中没有数据！"提示框，如图 7-10 所示。单击"确定"按钮，取消事件。

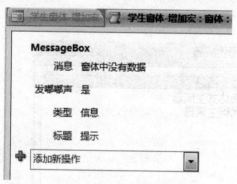

图 7-9　在宏生成器中添加宏操作窗口

图 7-10　"窗体中没有数据！"提示框

7.2.3　创建与设计条件宏

在某些情况下，可能希望仅当特定条件为真时才在宏中执行一个或多个操作，这个可以使用"IF"块实现。Access 2010 用"IF"块代替了早期版本的"条件"列。基本步骤如下。

（1）打开宏设计器窗口。

（2）在添加新操作下拉列表中选择"IF"或将其从"操作目录"面板拖动到宏设计器窗口。

（3）在"IF"操作顶部的框中输入一个决定何时执行该块的逻辑表达式。

（4）向"IF"操作中添加宏操作。如果需要的话，单击"添加 ELSE"或"ELSE IF"块即可添加。如果是"添加 ELSE"，则向"ELSE"块中添加宏操作；如果是"添加 ELSE IF"，则向"ELSE"操作顶部的框中输入一个决定何时执行该块的逻辑表达式，然后向块中添加宏操作，实现"IF"块的嵌套。最多可嵌套 10 级。

（5）保存该宏。

【例 7-3】在"教务管理数据库"中创建一个"条件宏"，其中包含 1 个条件"IsNull([学号])"，将该条件宏设置为"学生"窗体"学号"字段绑定的文本框控件的响应事件。当条件为真时，执行宏中的 MessageBox 操作，提示"学号字段不能为空值！"其具体操作步骤如下。

Step 01 打开"教务管理数据库"。

Step 02 打开宏设计器窗口。

Step 03 在添加新操作下拉列表中选择"IF"或将其从"操作目录"面板拖动到宏设计器窗口，如图 7-11 所示。

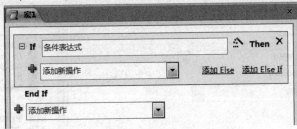

图 7-11 "IF"块宏设计器窗口

Step 04 在"IF"操作顶部的框中，输入一个"IsNull([学号])"。在输入条件表达式时，可以使用如下的语法引用窗体或报表上的控件值。

Form![窗体名]![控件名] 或 Report![报表名]![控件名]

向"IF"操作中添加"MessageBox"宏操作。如图 7-12 所示，完成添加宏操作。

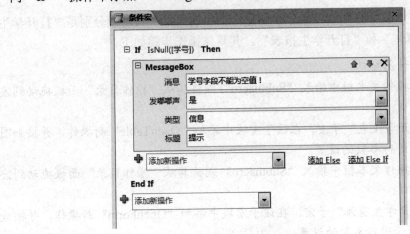

图 7-12 "IF"块添加宏操作结果

Step 05 保存宏。单击"保存"图标，在弹出的"另存为"对话框中输入"条件宏"，单击"确定"按钮。这样在宏对象中就增加了一个条件宏。

Step 06 条件宏创建完成后就可以在"学生"窗体的设计视图中，设置"学号"文本框控件事件为刚创建的条件宏。

7.2.4 创建与设计宏组

宏组是宏的集合，通过创建宏组，能够方便地对数据库中的宏进行分类管理和维护。创建一个宏组的步骤如下。

（1）打开宏设计器窗口。

（2）在添加新操作文本框中输入"Submacro"或将其从"操作目录"面板拖动到宏设计器窗口，如图 7-13 所示。

（3）命名子宏。

（4）在子宏块中添加新操作或从下拉列表中选择或输入宏操作。

（5）重复步骤（2）～（4）的操作，则在该宏组中添加了多个子宏。

（6）保存该宏组。

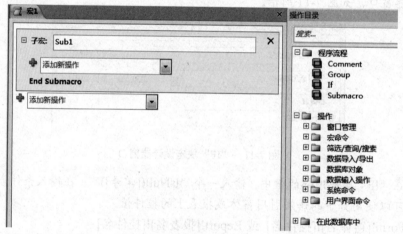

图 7-13 宏组设计器窗口

【例 7-4】在"教务管理数据库"中创建一个"宏组"，其功能分别是"打开学生表""打开学生窗体"和"打开学生报表"。其具体操作步骤如下。

Step 01 打开宏设计器窗口。

Step 02 在添加新操作文本框中输入"Submacro"或将其从"操作目录"面板拖动到宏设计器窗口。

Step 03 命名"打开学生表"子宏，在该子宏块中添加"OpenTable"新操作，并按如图 7-14 所示进行参数的设置。

Step 04 在添加新操作文本框中输入"Submacro"或将其从"操作目录"面板拖动到宏设计器窗口。

Step 05 命名"打开学生窗体"子宏，在该子宏块中添加"OpenForm"新操作，并按如图 7-14 所示进行参数的设置。

Step 06 在添加新操作文本框中输入"Submacro"或将其从"操作目录"面板拖动到宏设计器窗口。

Step 07 命名"打开学生报表"子宏，在该子宏块中添加"OpenReport"新操作，并按如图 7-14 所示进行参数的设置。

Step 08 保存宏。单击"保存"图标，在弹出的"另存为"对话框中输入"宏组"，单击"确定"按钮。这样在宏对象中就增加了一个宏组。

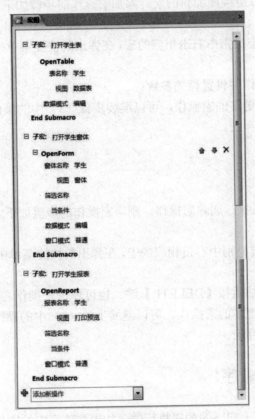

图 7-14 宏组设计结果

7.2.5 创建与设计数据宏

数据宏是 Access 2010 中新增加的一项功能，它类似于 Microsoft SQL Server 中的触发器。数据宏允许用户在表事件（如添加、更新或删除数据等）中添加逻辑。其基本步骤如下。

（1）打开数据库。

（2）选择数据表对象，并打开选择的数据表。

（3）在"表格工具"的"表"选项卡下的"后期事件"组中，单击"更新后"按钮，Access 会打开宏生成器。

（4）在宏生成器中添加宏操作。

（5）关闭宏生成器，弹出保存该宏的对话框，单击"是"按钮，完成数据宏的创建。

7.3　宏的编辑

7.3.1　添加宏操作

对已经创建的宏可以继续添加新的宏。添加宏操作的步骤如下。
（1）打开数据库。
（2）在导航窗格的宏类别中右击相应的宏，在弹出的快捷菜单中选择"设计视图"，打开宏设计器窗口。
（3）添加新的宏操作并设置相关参数。
（4）如果需要添加更多的宏操作，可以继续步骤（3）中的操作。
（5）输入完毕，保存宏。

7.3.2　删除宏操作

对已经创建的宏可以执行删除宏操作。删除宏操作的步骤如下。
（1）打开数据库。
（2）在导航窗格的宏类别中右击相应的宏，在弹出的快捷菜单中选择"设计视图"，打开宏设计器窗口。
（3）选择宏操作，然后按【DELETE】键。也可单击宏操作右侧的"删除"按钮。
（4）如果需要删除更多的宏操作，可以继续步骤（3）中的操作。
（5）删除完毕，保存宏。

7.3.3　更改宏操作顺序

宏中的操作是按照自上向下的顺序执行的，如果要改变宏的操作顺序，可使用下列方法之一。
（1）上下拖动操作，使其到达需要的位置。
（2）选中操作，然后按【Ctrl+↑】或【Ctrl+↓】。
（3）选中操作，然后单击宏操作右侧的"上移"或"下移"按钮。

7.3.4　添加注释

当设计的宏较复杂时，可以在宏操作前添加注释行，提高可读性。具体方法是：在需要添加注释的操作前添加"COMMENT"操作，然后在操作框中输入注释信息。
【例 7-5】在"教务管理数据库"中创建一个"宏组—添加注释"宏，其功能是为"打开学生表"和"打开学生窗体"的宏操作添加注释。其具体操作步骤如下。
Step 01 打开"教务管理数据库"。
Step 02 在导航窗格的宏类别中选择"宏组"，并复制成"宏组—添加注释"宏。

Step 03 在导航窗格的宏类别中选择"宏组—添加注释",在弹出的快捷菜单中选择"设计视图",打开宏设计器窗口。

Step 04 分别在"OpenTable"和"OpenForm"宏操作添加"COMMENT"操作并输入注释信息,如图 7-15 所示。

Step 05 保存宏。

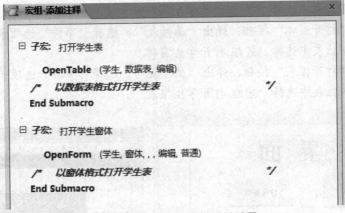

图 7-15 "宏组—添加注释"设计结果

7.4 宏的执行与调试

当创建了一个宏以后,需要对宏进行运行和调试,以便查看创建的宏是否有错误,是否是预定的任务。

7.4.1 宏的运行

1. 直接运行宏

对于简单的操作序列宏,可以通过宏设计窗口中的"运行"按钮或"运行"菜单的"运行"命令或在导航窗格中双击宏名来执行。

2. 通过窗体、报表中控件的响应事件来运行宏

在 Access 2010 中,可以通过选择运行宏或事件过程来响应窗体、报表或控件上发生的事件。其方法如下。

(1)在设计视图中打开窗体或报表。

(2)设置窗体、报表或控件的有关事件属性为宏的名称。

【例 7-6】在"教务管理数据库"中,创建一个名为"主界面"的窗体,如图 7-16 所示,单击各按钮用于执行相应的操作。其具体操作步骤如下。

Step 01 打开"教务管理数据库"。

Step 02 在导航窗格的窗体类别中,单击"创建"选项卡"窗体"组中的"空白窗体"按钮。

Step 03 单击"保存"图标，在弹出的"另存为"对话框中输入窗体名称"主界面"，单击"确定"按钮。这样在窗体对象中就增加了一个窗体。

Step 04 切换到窗体的"设计视图"，在主体节中添加 4 个按钮和 1 个标签，并进行属性设置，如图 7-17 所示。

Step 05 双击"打开学生表"按钮，弹出"属性表"，选择"事件"选项卡，在"单击"行的下拉表中选择"宏组.打开学生表"。

Step 06 双击"打开窗体"按钮，弹出"属性表"，选择"事件"选项卡，在"单击"行的下拉表中选择"宏组.打开学生窗体"。

Step 07 双击"打开报表"按钮，弹出"属性表"，选择"事件"选项卡，在"单击"行的下拉表中选择"宏组.打开学生报表"。

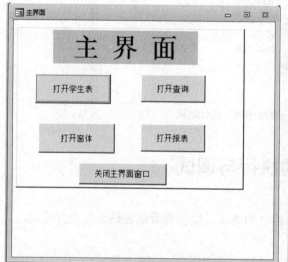

图 7-16　"主界面"窗体运行结果

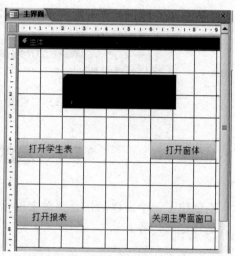

图 7-17　"主界面"窗体设计视图

Step 08 双击"关闭主界面窗口"按钮，弹出"属性表"，选择"事件"选项卡，在"单击"行的生成器对话框中选择"宏生成器"，打开"宏设计窗口"，按照如图 7-18 所示进行宏的设计。

Step 09 单击"保存"图标。

Step 10 在导航窗格的窗体类别中双击"主界面"窗体，单击相应的按钮则执行相应的宏。

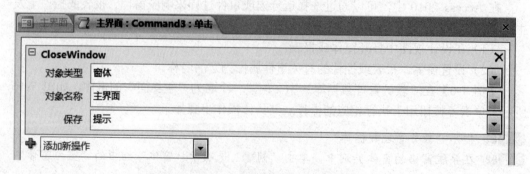

图 7-18　"关闭主界面窗口"宏设计结果

3．在 VBA 中运行宏

在 VBA 程序中，使用 DOCMD 对象中的 RUNMCRO 方法调用宏。

4．自动执行宏

保存宏时，将宏的名称命名为"AutoExec"。该宏可在首次打开数据库时自动执行。打开数据库时，Microsoft Access 将查找一个名为"AutoExec"的宏，如果找到，则自动运行它。

7.4.2　宏的调试

在 Access 2010 中，为了发现并没有排除出现问题和错误的操作，可以使用单步执行宏的方法，观察宏的流程和每一个操作的结果。

（1）首先要单击"宏工具/设计"选项卡的"单步"选项，然后单击"运行"按钮，这时会弹出如图 7-19 所示的"单步执行宏"对话框；

（2）单击"单步执行"按钮以执行显示在"单步执行宏"对话框中的宏；

（3）单击"停止所有宏"按钮，可停止宏的执行并关闭该对话框；

（4）单击"继续"按钮，可关闭单步执行并执行宏的未完成部分。

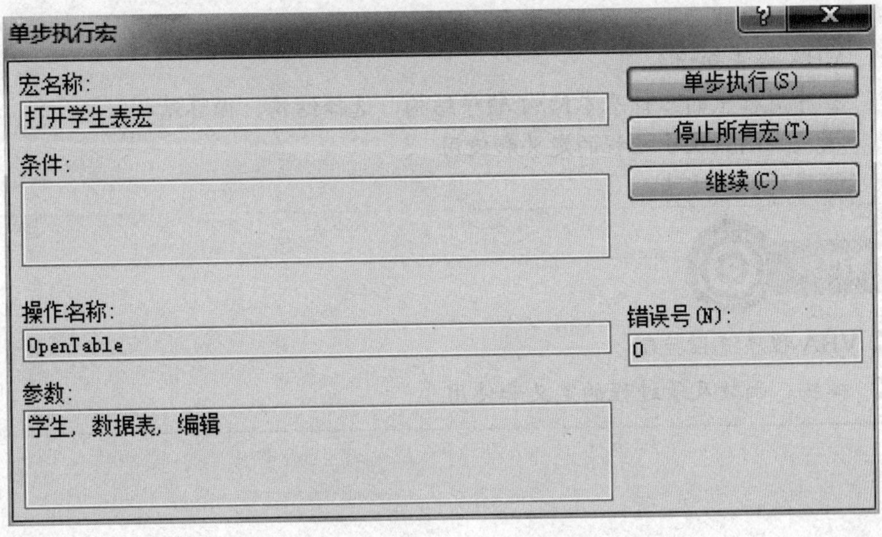

图 7-19　"单步执行宏"对话框

如果宏中存在错误，在按照上述过程单步执行宏时将会在窗口中显示"操作失败"对话框，并显示出错操作的操作名称、参数以及相应的条件。然后单击"暂停"按钮进入宏设计窗口，对出错宏进行相应的操作修改。

第8章 ACCESS 的编程工具 VBA

8.1　VBA 程序设计基本知识

　　通常情况下，利用 Access 创建的数据库管理应用程序无须编写太多代码，运用前面章节的知识，已经能够创建简单的应用程序，也可以做出漂亮的界面、标准的报表及快速的查询。但是要想把程序做得足够专业，能够开发出功能更完全、更强大的应用程序，如定义 Access 没有提供的函数、编写包含有条件结构或者循环结构的表达式、打开两个或者两个以上的数据库、将宏操作转换成 VBA 代码等，就需要掌握 VBA 编程。

8.1.1　VBA 编程环境

Microsoft Access 中包含了 VBA，它是 VBA 程序的编辑、调试环境，Access VBA 几乎可以执行 Access 菜单和工具中所有的功能。

VBA 编辑器是建立 VBA 程序的工具，在 Access 2010 中，可以通过以下操作启动 VBA 编辑器，进入 VBA 的开发坏境。

1. 直接进入 VBA

选择"数据库工具"选项卡，单击"宏"组中的"Visual Basic"按钮，进入 VBA 的编程环境，如图 8-1 所示。

2. 新建一个模块，进入 VBA

选择"创建"选项卡，在"宏与代码"组中单击"模块"按钮，则新建了一个 VBA 模块，并进入 VBA 编程环境。

3. 通过新建用于响应窗体、报表或控件的事件过程进入 VBA

选择某控件，在其"属性表"窗格中单击"事件"选项卡，在任一事件的下拉列表框中选择"事件过程"选项，再单击后面的省略号按钮，在弹出的如图 8-2 所示的"选择生成器"对话框中选择"代码生成器"选项，通过为这个控件添加事件过程也可进入 VBA 编程环境。

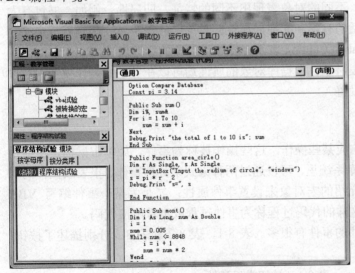

图 8-1　VBA 的编程环境

图 8-2　"选择生成器"对话框

从图 8-1 可以看到，VBA 的开发环境窗口除去熟悉的菜单栏和工具栏以外，其余的区域可以分为 3 个部分，即"代码"窗口、"工程"窗口和"属性"窗口。

"代码"窗口位于右侧，是模块代码的编写、显示窗口，在该窗口中实现 VBA 代码的输入和显示。打开"代码"窗口以后，可以对不同模块中的代码进行查看，并且可以通过鼠标右键进行代码的复制、剪切和粘贴操作。

"工程"窗口位于左上角，在该窗口中用一个分层结构列表来显示数据库中的所有工程模块，并对它们进行管理。双击该窗口中的某个模块，在"代码"窗口中会显示这个模块的 VBA 程序代码。

"属性"窗口位于左下角，在该窗口中可显示和设置选定的 VBA 模块的各种属性。

8.1.2　面向对象程序设计的概念

Access 是一种面向对象的数据库，它支持面向对象的程序开发技术。Access 的面向对象开发技术就是通过 VBA 编程来实现的，即提供了可视化的编程环境，同时也提供了访问数据库和操作数据表中记录的基本方法。

1．对象

面向对象程序设计的基本单元是对象。对象可以是任何的具体事物，如我们现实生活中的计算机、书、手机等都是对象。

Access 中的表、查询、窗体、报表等都是数据库的对象，而控件是窗体或报表中的对象。Access 内嵌的 VBA 功能强大，采用目前主流的面向对象机制和可视化编程环境。Access 数据库窗口可以方便地访问和处理表、查询、窗体、报表、页、宏和模块对象。VBA 中可以使用这些对象以及范围更广泛的一些可编程对象，如记录集等。

2．属性

一个对象就是一个实体，不同的对象表现出不同的特征，即属性。例如，书包有大小、材质、颜色等属性，电话的有绳和无绳的属性。对象中的每个属性都具有一定的含义，可以赋予一定的值。如 Label1.Caption 表示标签控件对象的标题属性，Reports.Item(0) 表示报表集合中的第一个报表对象。数据库对象的属性均可以在各自的设计视图中通过"属性表"面板进行浏览和设置。

3．事件

每个对象都能够识别和响应某些操作，这些操作被称为事件，如单击鼠标、窗体或报表打开等。在 Access 数据库系统里，可以通过两种方式来处理窗体、报表或控件的事件响应：一是使用前面章节介绍的宏对象来设置事件属性；二是为某个事件编写 VBA 代码过程，完成指定动作。这样的代码过程称为事件过程或事件响应代码。

Access 窗体、报表和控件的事件有很多。表 8-1、表 8-2 和表 8-3 分别描述了按钮、文本框、窗体的常见事件。

表 8-1　按钮常见事件

事件	说明
Click	单击按钮时触发的事件.
MouseDown	鼠标在按钮上按下时触发的事件
MouseUp	鼠标在按钮上释放时触发的事件
MouseMove	鼠标在按钮上移动时触发的事件

表 8-2　文本框常见事件

事件	说明
Change	当用户输入新内容或程序对文本框的显示内容重新赋值时所触发的事件
LostFocus	当用户按【Tab】键时光标离开文本框，或用鼠标选择其他对象时触发该事件

表 8-3　窗体常见事件

事件	说明
Click	在窗体上，单击触发的事件
DbClick	在窗体上，双击触发的事件
MouseDown	在窗体上，按下鼠标按键触发的事件
MouseUp	在窗体上，放开鼠标按键触发的事件
MouseMove	在窗体上，移动鼠标触发的事件
Open	打开窗体，但数据尚未加载触发的事件
Load	打开窗体，且数据已加载触发的事件
Close	关闭窗体触发的事件
Unload	关闭窗体，且数据被卸载触发的事件
Resize	窗体大小发生改变触发的事件
Activate	窗体成为活动中的窗口触发的事件
Timer	窗体所设置的计时器间隔达到时触发的事件
Deactivate	焦点移到其他的窗口触发的事件
GotFocus	控件获得焦点触发的事件
LostFocus	控件失去焦点触发的事件
Current	当焦点移到某一记录，使其成为当前记录，或当对窗体进行刷新或重新查询时触发的事件
KeyDown	对象获得焦点时，用户按下键盘上任意一个键时触发的事件
KeyPress	对象获得焦点时，用户按下并且释放一个会产生 ASCII 码的键时触发的事件
KeyUp	对象获得焦点时，放开键盘上的任何键触发的事件
BeforeUpdate	当记录或控件被更新时触发的事件
AfterUpdate	当记录或控件被更新后触发的事件

4. 方法

方法是对象在事件触发时的行为和动作，是与对象相关联的过程。Access 应用程序的各个对象都有一些方法可供调用，了解并掌握这些方法的使用可以极大增强程序功能。

Access 中除数据库的七个对象外，还提供了一个重要的 DoCmd 对象，其主要功能是通过调用包含在内部的方法实现 VBA 编程中对 Access 的操作。如利用 DoCmd 对象的 OpenReport 方法可以打开"成绩"报表，语句格式为：

DoCmd.OpenReport　"成绩"

DoCmd 对象的方法大都都需要参数，如 OpenReport 方法有 4 个参数，其格式为：

DoCmd.OpenReportreportname［，view］［，filtername］［，wherecondition］

其中［］内的参数是可选项，而没有［］的选项为必选项，如 reportname (报表名称)参数是必选的。DoCmd 对象的其他方法可以通过帮助文件查询使用。

5. 类、子类与对象的封装

类是一种对象的归纳和抽象。上面介绍对象的属性、事件和方法时，都是在类定义中确定的。类就像是一个图纸或一个模具，所有对象均是由它派生出来的，它确定了由它生成的对象所具有的属性、事件和方法。例如，电话就是一个类，它抽取了各种电话的共同特性，与此同时，一个对象或者类实例就是具体的一部电话。

Access 应用程序由表、查询、窗体、报表、页、宏和模块对象列表构成，形成不同的类。Access 数据库导航窗格中显示的就是数据库的对象类，单击其中任一对象类，就可以打开相应对象窗口。另外，有些对象内部，如窗体、报表等，还可以包含其他对象，即控件。

类作为对象生成的一个蓝图或者模具保留了一个很重要的属性，即它能够根据先前的类生成一个新类，即子类。子类具有派生它的类的全部属性和方法，并且用户可以任意添加或修改。例如，前面叙述的电话可以看作是一个类，那么各种形式的电话，如有绳电话、无绳电话等就可以看作是由此派生的一个子类。既然类可以派生和继承，那么，对每个类而言，派生该类的类为其父类，该类派生的类为其子类。

既然类是从对象中归纳抽象出来的，并且对象可以是真实世界中的任何具体事物，那么类自然也应具备某些属性、行为和功能。以电话为例，当我们安装一部电话时，并不会关心这部电话呼号和拨号时的内部机制，也不会关心电话是如何与话路相连的以及按键是如何转换成电信号的。相反，我们只需知道拿起听筒、拨出适当号码、与接电话的人谈话即可，完全没有必要了解电话本身的内部技术细节。但这并不是说，电话没有这些内部细节，而是我们将这些细节作了处理，将它们隐藏在了电话的内部。同样，对于一个对象内的属性和方法而言，也可以进行抽象处理，将它们封闭在一个对象的内部，使得当我们用到一个对象或者创建一个新对象时，它本身已具有了一定的属性和方法。对象的这种属性被称为对象的封装（Encapsulation）。

8.1.3 编写简单的 VBA 程序

前面介绍了 VBA 的编程环境，下面就从一个简单的例子入手，感受一下如何通过VBA 的编程环境来开发一个 VBA 程序。

【例 8-1】创建一个内容为"Welcome to China!"的对话框窗口。其具体操作步骤下。

Step 01 启动 Access 2010，新建一个数据库，命名为"VBA 示例"。

Step 02 单击"数据库工具"选项卡中"宏"组中的"Visual Basic"按钮，进入 VBA 的编程环境。

Step 03 选择"插入"菜单，在弹出的下拉菜单中选择"模块"选项，或者单击编辑器中的"插入模块"按钮，新建一个"模块 1"。

Step 04 在弹出的"模块 1"的"代码"窗口中输入 VBA 代码，如图 8-3 所示。

图 8-3　VBA 示例代码

Step 05 单击"保存"按钮，在弹出的"另存为"对话框中将该模块命名为"welcome"，如图 8-4 所示。

Step 06 执行"运行"菜单中的"运行子过程/用户窗体"命令（或者将鼠标光标放在模块中的任意位置，按下【F5】键；或者单击工具栏上的按钮），运行该程序，运行结果如图 8-5 所示。

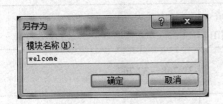

图 8-4　"另存为"对话框

图 8-5　运行结果

这样就创建了第一个 VBA 程序，下面对以上代码进行分析。

（1）Sub：标志这是一个 VBA 的 Sub 过程（"过程"的概念将在后面进行介绍）。

（2）WelcomeMsg( )：这是一个过程的名字，小括号"（ ）"是必需的。

（3）MsgBox：VBA 的命令语句，其作用是弹出信息窗口，其后面引号内的内容是所弹出的信息窗口中的内容。

（4）End Sub：标志该过程的结束。

> ▶ 说明
>
> 　　当用户输入 Sub 后按【Enter】键，系统自动给其加上 End Sub 语句。在编写 VBA 程的过程中，系统自动识别输入语句是否为系统的关键字段，若是则自动将首字母改为大写。因此，用户可以只管用小写状态输入，系统自动对必要的字段首字母转换为大写。

8.2　VBA 语法知识

语法是任何程序的基础，包含一定数据类型的变量、常量，还包含运算规则和相应的命令代码。

8.2.1　数据类型

数据在计算机中是以特定的形式存在的，如整数、实数、字符等形式，各种不同形式的数据有着不同的存储方式和数据结构，因此在程序编写过程中，必须先定义好各数据的类型，才能保证程序在内存中的运行不发生错误。

在 Access VBA 中，系统提供了多种数据类型，为编程提供了方便。Access 数据库系统创建表对象时所涉及的字段数据类型（除了 OLE 对象和备注数据类型外），在 VBA 中都有数据类型相对应。

1. 标准数据类型

传统的 Basic 语言使用类型说明标点符号来定义数据类型，VBA 除此之外，还可以使用类型说明字符来定义数据类型，如表 8-4 所示的 VBA 类型标志。表 8-4 给出了标准数据类型的描述。在使用 VBA 代码中的字节、整数、长整数、自动编号、单精度和双精度等常量和变量与 Access 的其他对象进行数据交换时必须符合数据表、查询、窗体和报表中相应的字段属性。

表 8-4　VBA 数据类型列表

数据类型	类型标志	符号	字段类型	存储空间/B	取值范围
整数	Integer	%	字节/整数/(是/否)	2	-32 768～32 767
长整数	Long	&	长整数/自动编号	4	-2 147 483 648～2 147 483 647
单精度数	Single	!	单精度数	4	负数：-3.402 823e38～-1.401 298e-45 正数：1.401 298e-45～3.402 823e38
双精度数	Double	#	双精度数	8	负数：-1.79769313486232e308～-4.940 656 458 412 47e-324 正数：4.940 656 458 412 47e-324～1.797 693 134 862 32e308
货币	Currency	@	货币	8	-922 337 203 685 477.580 8～922 337 203 685 477.580 7
字符串	String	S	文本	字符串长	定长字符串：0～655 36 字符，变长字符串：20 亿字符
布尔型	Boolean		逻辑值	2	Ture 或 False
日期型	Date		日期/时间	8	100 年 1 月 1 日～9999 年 12 月 31 日
变体类型	Variant	无	任何	16	January1/10000（日期），数字和双精度同，文本和字符串同

（1）字符串型。字符串型数据就是一个字符的序列，如字母、数字、标点、汉字等都可以定义为字符串类型。在 VB 中，字符串是放在双引号中的，双引号不算在字符串中，如" Welcome to China!"。

字符串数据类型又可以分为定长字符串和变长字符串，定长字符串可以包含 1～64 K 个字符，而变长字符串最多可以包含 20 亿个字符。

定义字符串型数据的方法为：

Dim strl as String

strl ="请输入要查找的课程名"

对于定长字符串的定义，可以使用 "String *Size" 的方式进行声明，如：

Dim str2 as String*20

（2）数值型。数值型数据是可以进行数学计算的数据。在 VBA 中，数值型又可以分为整型、长整型、单精度浮点型和双精度浮点型。

整型数据占两个字节空间，其范围为-32768～32767。在对整型数据变量进行声明时有两种方法：一种是直接使用 Integer 关键字，另一种是直接在变量的后边附加一个百分比符号(%)。具体方法如下：

Dim a as Integer 或者 Dim b%

这样定义的 a 和 b 都是整型数据。

长整型数据的存储空间为 4 个字节共 32 位，其取值范围如表 8-4 所示。

单精度浮点型的存储空间为 4 个字节共 32 位，双精度浮点型的存储空间为 8 个字节共 64 位。

（3）货币型。货币类型是为了进行钱款的储存和表示而设置的，该类型以 8 字节（64 位）进行存储，并且小数点位数是固定的。货币型数据的定义方式为：

Dim Cost as Currency

（4）布尔型。布尔型数据只有两个值：True 和 False。布尔型数据转换为其他类型数据时，True 转换为-1，False 转换为 0；其他数据类型数据转换为布尔型数据时，0 转换为 False，其他值转换为 True。声明布尔型的语法格式为：

Dim P as Boolean

（5）日期型。VBA 中用来存储日期、时间的数据结构为日期型。它占用 8 个字节来表示日期和时间，是浮点型的数值形式。日期类型数据的整数部分存储为日期值，小数部分存储为时间值。任何可以识别的文本日期数据都可以赋给日期变量。日期型数据必须前后用 "#" 标明，如#2012/11/12#。其定义语法格式为：

Dim birthday as Date

Birthday= #Jun12th，2012#

（6）变体型。变体型是一种特殊的数据类型，在数据定义时不直接定义数据类型，在以后的调用中可以改变为不同的数据类型。它可以表示任何值，包括上面介绍的字符、数值、货币等，除了定长字符串类型及用户自定义类型外，变体型可以包含其他任何类型的数据，还可以包含 Empty、Error、Nothing 和 Null 特殊值。使用时可以用 VarType 与 TypeName 两个函数来检查变体类型数据。

2．用户自定义的数据类型

用户自定义型是用户根据自己的需要而定义的标准数据类型所无法满足需要的数据类型。用户自定义数据类型在 Type 和 EndType 关键字之间定义，定义格式如下：

Type 数据类型名

数据元素名 As 〈数据类型〉

数据元素名 As 〈数据类型〉

……

EndType

【例 8-2】定义一个名为"课程"的用户自定义数据类型。

Type 课程

课程号 As String *3

课程名称 AS String *20

学分 As Integer

开课日期 As Data

EndType

3．数据库对象

数据库、表、查询、窗体和报表等，也有对应的 VBA 对象数据类型，这些对象数据类型由引用的对象库所定义。常用的 VBA 对象数据类型和对象库中所包括的对象如表 8-5 所示。

表 8-5 VBA 支持的数据库对象类型

对象数据类型	对象库	对应的数据库对象类型
数据库（Database）	DAO3.6	使用 DAO 时用 Jet 数据库引擎打开的数据库
连接（Connection）	ADO2.1	ADO 取代了 DAO 的数据库连接对象
窗体（Form）	Access9.0	窗体，包括子窗体
报表（Report）	Access9.0	报表，包括子报表
控件（Control）	Access9.0	窗体和报表上的控件
查询（QueryDef）	DAO3.6	查询
表（TableDef）	DAO3.6	数据表
命令（Command）	ADO2.1	ADO 取代 DAO.QueryDef 对象
结果集（DAO.Recordset）	DAO3.6	表的虚拟表示或 DAO 创建的查询结果
结果集（ADO.Recordset）	ADO2.1	ADO 取代 DAO.Recordset 对象

8.2.2 常量、变量和数组

1．常量

常量是指在数据处理过程中其值保持不变的量。在 VBA 中，有文字常量、符号常量和系统常量。

（1）文字常量。文字常量实际就是常数，数据类型不同的常量表现也不同。如：

3.14、256、1.2e5 等为数值型常量；

"Access 2010 数据库管理系统""Welcome to China!"等为字符串型常量；

#11/12/2012#、#11/12/2012 12:30:30# 等为日期型常量。

（2）符号常量。符号常量用一个符号来表示常量的值，类型由其值决定。用 Const 语句来定义符号常量并设定其值，定义格式为：

Const　常量名=<表达式>［ as 类型名 ］

【例 8-3】定义一组符号常量。

consttBookname ="Access 2010 数据库管理系统"

Const Price =25

Const Pdate=#11/12/2018#

▶ 说明

第一个语句定义了一个名为 Bookname 的字符串型常量；第二个语句定义了一个名为 Price 的数值型常量；第三个语句定义了一个名为 Pdate 的日期型常量。

使用符号常量可以使程序段的含义更加清楚，并能够做到"一改全改"。例如，若某系统中多处用到某物品的价格时，如果价格用常数表示，则在价格调整时，就需要在程序中做多处修改，若采用符号常量 Price 代表价格，则只需要改动一处即可。

（3）系统常量。系统常量由 VBA 预先定义，用户可以直接调用，如 vbRed、vbYes、vbOk 等。通常是由应用程序和各种控件提供。

2. 变量

变量是指在程序运行中值可以改变的量，如表中的字段就是变量。每一个变量都必须有一个名字，并在内存中占有一定的存储空间，来存储该变量的值。运行程序时要从变量中取值，实际上是通过变量名找到相应的内存地址，然后再从内存单元中读取数据。

在为变量命名时必须符合语法规则，变量名应是由字母开头的字母、数字、下划线的组合，且不能与 VB 中的关键字同名，不区分大小写，即 add 和 ADD 代表同一变量。

一个变量由以下 3 个要素构成：

①变量名：通过变量名来指明数据在内存中的存储位置。

②变量类型：变量的数据类型决定了数据的存储方式和数据结构。

③变量的值：内存中存储的变量值，它是可以改变的量，在程序中可以通过赋值语句来改变变量的值。

（1）变量的声明。声明变量会在内存中提前为该变量分配存储单元，分配的存储单元大小是根据定义的变量类型来确定的。

①显式声明。在使用变量时，一般需先进行定义，即对变量进行显式声明。其格式如下。

Dim〈变量名〉As 数据类型

【例 8-4】显式声明一组变量。

Dim StuNo As String * 10′ 学号，10 位定长字符串

　　　　Dim StuName As String * 8′ 姓名，8 位定长字符串

　　　　Dim StuAgeAs Integer′ 年龄，整型

　　②隐式声明。未进行声明而通过赋值语句直接使用的变量，系统会将它默认为 Variant 型。Variant 型虽然灵活，但这种数据类型缺乏可读性，即无法通过查看代码来明确其数据类型。

> ▶ 说明
>
> 　　虽然系统可以默认地将没有声明的变量定义为 Variant 型，但也有可能因此而发生严重的错误。因此在使用前声明变量是一个很好的习惯。

　　③强制声明。VBA 可以强制要求在过程中的所有变量都必须声明，方法是在模块通用节中包含一个 Option Explicit 语句。也就是说，在 VBA 程序开始处，若出现语句:Option Explicit，则要求程序中的所有变量必须进行显式声明。强制声明可以在 VBA 编辑中的工具菜单中的选项中进行代码设置-勾选要求变量声明，如图 8-6 所示。

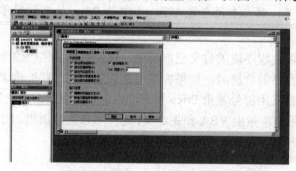

图 8-6　工具菜单的选项对话框

　　（2）变量的作用域。变量的作用域就是变量在程序中的有效范围。当程序运行时，各对象之间的数据传递是靠变量来完成的，变量的作用范围不恰当，就将导致对象间的数据出错。通常将变量的作用域分为局部变量（Local）、模块变量（Module）和全局变量（Global)）3 类。

　　①局部变量。局部变量是指定义在模块过程内部的变量，在子过程或函数过程中定义的或不用 Dim 关键字声明而直接使用的变量，都是局部变量，其作用的范围是其所在的过程。例如，在过程中使用 Dim 语句声明变量时，只能在这个过程中使用该变量，其他过程，即使是存储在同一个模块中，也不会认识这个变量。

　　②模块变量。模块变量是在模块的起始位置、所有过程之外定义的变量。运行时，在模块所包含的所有子过程和函数过程中都可见，在该模块的所有过程中都可以使用该变量。模块变量的作用域覆盖整个应用程序,但对于其他窗体或代码模块中的过程而言，该变量却不可见。

　　③全局变量。全局变量就是在标准模块的所有过程之外的起始位置定义的变量，运行时在所有类模块和标准模块的所有子过程与函数过程中都可见。用户可以在标准模块的变量定义区域用 Public 关键字声明全局变量。

　　全局变量的作用域覆盖整个应用程序，作用于应用程序的整个执行周期，对应用程

序中任意模块中的任意过程均有效。当全局变量与局部变量同名时，全局变量的作用域不包括局部变量所在的模块。

（3）数据库对象变量。Access 中的数据库对象及其属性，都可以作为 VBA 程序代码中的变量加以引用。

Access 中窗体对象的引用格式为：

　　Forms!窗体名称!控件名称［.属性名称］

Access 中报表对象的引用格式为：

　　Reports!报表名称!控件名称［.属性名称］

其中，关键字 Forms 或 Reports 分别表示窗体或报表对象集合；感叹号"!"用来分隔对象名称和控件名称；属性名称部分在方括号中，可缺省，若缺省该部分，则表示控件的默认属性；如果对象名称中含有空格或标点符号，要用方括号把名称括起来。

【例 8-5】引用"学生"窗体中的对象。

Forms!学生!学号="12018102105"' 对"学号"文本框进行引用

Forms!学生!姓名="刘晓娜"' 对"姓名"文本框进行引用

Forms!学生!出生日期=#11/2/1999#' 对"出生日期"文本框进行引用

3．数组

数组是一批相关数据的有序集合，由名字相同而下标不同的一组有序变量表示，其中每个有序变量即构成数组的成员，称为数组元素。数组在使用之前要进行定义。

一维数组的定义格式：

Dim 数组名([下标下限 to] 下标上限)［As 数据类型］

二维数组的定义格式：

Dim 数组名([下标下限 to] 下标上限，[下标下限 to] 下标上限)［As 数据类型］

【例 8-6】定义数组。

Dim A（6）As Integer '定义了一个有 7 个数组元素的整型数组 A，下标从 0 到 6

Dim B（1 to 8）As Integer　　　'定义了一个有 8 个数组元素的整型数组 B，下标从 1 到 8

Dim Array1（2，3）As Integer　　　'定义了一个有 12 个数组元素的二维整型数组 Array1

Dim Array2（ ）As Integer　　　'定义了一个动态数组 Array2

A（0）=121　　　'为数组 A 的数组元素 A（0）赋值 121

A（1）=122　　　'为数组 A 的数组元素 A（0）赋值 122

VBA 中，在模块的声明部分使用 Option Base 语句，可以更改数组的默认下标下限。

如：Option Base 1　　　'将数组的默认下标设置为 1

　　Option Base 0　　　'将数组的默认下标设置为 0

8.2.3　VBA 的运算符和表达式

VBA 提供了丰富的运算符，可以构成多种表达式。在 VBA 中，可以将运算符分为算术运算符、关系运算符、逻辑运算符和连接运算符 4 种类型。不同的运算符可以构成不同的表达式，来完成不同的运算和处理。

表达式是由运算符、常量、变量、函数和对象等内容组合而成的，根据运算符的类型可以将表达式分为算数表达式、关系表达式、逻辑表达式和字符串表达式 4 种类型。

1. 算术运算符

算数运算符是常用的运算符，用于数值的算数运算。常用数学运算符如表 8-6 所示。

表 8-6　算术运算符

运算符	含义	举例
+	加	1+1 结果为 2
-	减	1-1 结果为 0
*	乘	2*3 结果为 6
/	除	11/2 结果为 5.5
\	整除	8\3 结果为 2
mod	求模	8mod 3 结果为 2
^	幂运算	2^3 结果为 8

由算术运算符、数值、括号和正负号等构成的表达式称为算术表达式。在算术表达式中运算优先级依次为：括号→幂运算→乘、除→整除→求模→加、减，其中乘和除同级，加和减同级，同级按从左到右进行计算。

【例 8-7】在 VBA 的"立即窗口"中验证表 8-6 中的举例。

在 VBA 的编辑视图中，执行"视图"菜单中的"立即窗口"命令，则在 VBA 中弹出"立即窗口"，在"立即窗口"中输入表 8-6 中的举例，结果如图 8-7 所示。

在 VBA 中，"立即窗口"是用来调试程序的有力工具，通过立即窗口，可以在不离开模块情况下尝试过程，可以运行模块并检查变量。可使用 CTRl+G 打开立即窗口。在这里将它作为立即显示结果的计算工具非常方便。

> ▶ 说明
>
> 　　整除运算或求模运算的操作数一般应是整数，当操作数带有小数时，则首先被四舍五入为整教，然后再进行整除运算或求余运模。如要计算：29.79\2.3，则在运算时相当于计算 30\2，结果为 15。

---

2. 关系运算符

关系运算符也称比较运算符，用来表示两个相同数据类型对象之间的大小关系。关系表达式是由关系运算符、数值表达式、字符表达式或者日期型表达式组合而成的式子，其结果为逻辑真值（True）或逻辑假值（False）。VBA 中的关系运算符如表 8-7 所示。

表 8-7　关系运算符

运算符	含义	举例
=	等于	"abc"="abc" 结果为 True
>	大于	5>6 结果为 False
<	小于	"abc"<"abcd" 结果为 True

（续表）

>=	大于等于	1>=2 结果为 False
<=	小于等于	#11/11/2012#<=#11/12/2012# 结果为 True
<>	不等于	20<>20 结果为 False
Like	比较样式	"1" like "1"结果为
Is	比较对象变量	Is null (text1)　判断 text1 文本框中是否为空，结果为 True/Flase

【例 8-8】在 VBA 的 "立即窗口" 中验证表 8-7 中的举例。

在 VBA 的编辑视图中，执行 "视图" 菜单中的 "立即窗口" 命令，则在 VBA 中弹出 "立即窗口"，在 "立即窗口" 中输入表 8-7 中的举例，结果如图 8-8 所示。

图 8-7　在 "立即窗口" 中完成算术运算

图 8-8　在 "立即窗口" 中完成关系运算

3．逻辑运算符

逻辑运算符也称为布尔运算符，用于完成逻辑运算。逻辑表达式是由逻辑运算符将逻辑型常量、逻辑型变量、逻辑型数组、返回逻辑型数据的函数和关系表达式连接起来的式子，其结果仍然为逻辑值。VBA 中的主要逻辑运算符如表 8-8 所示。

表 8-8　逻辑运算符

运算符	含义	说明	举例
And	与	参与运算的两个表达式均为真，结果才为真；否则为假。	12>5 and 7>6 结果为 True
Or	或	参与运算的两个表达式只要有一个值为真，结果就为真；两个表达式的值均为假，结果才为假。	"1">"a" or 1>2 结果为 False
Not	非	"非" 操作，即原来为真值，运算结果变为假，原来为假值，运算结果变为真值。	"1">"a" or not 1>2 结果为 True

逻辑运算符的优先次序为 Not→And→Or，可以使用括号来改变运算的先后次序。

【例 8-9】在 VBA 的 "立即窗口" 中验证表 8-8 中的举例。

在 VBA 的编辑视图中，执行 "视图" 菜单中的 "立即窗口" 命令，则在 VBA 中弹出 "立即窗口"，在 "立即窗口" 中输入表 8-8 中的举例，结果如图 8-9 所示。

4. 连接运算符

连接运算符具有连接字符串的功能。在 VBA 中有"&"和"+"两个运算符，如表 8-9 所示。

表 8-9　连接运算符

运算符	含义	说明	举例
&	强制连接	用来强制两个表达式进行字符串连接。	"1+1"&"="&(1+2)
+	字符串连接	只连接两个字符串表达式，将两个字符串连接成一个新字符串。	"欢迎"+"光临"

【例 8-10】在 VBA 的"立即窗口"中验证表 8-9 中的举例。

在 VBA 的编辑视图中，执行"视图"菜单中的"立即窗口"命令，则在 VBA 中弹出"立即窗口"，在"立即窗口"中输入表 8-9 中的举例，结果如图 8-10 所示。

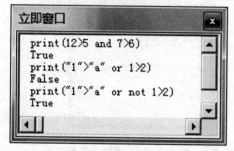

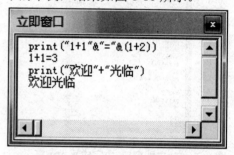

图 8-9　在"立即窗口"中完成逻辑运算　　　图 8-10　在"立即窗口"中完成逻连接运算

当一个表达式由多个运算符连接在一起时，则各种运算符的优先顺序由高到低为：括号→算术运算符→连接运算符→关系运算符→逻辑运算符。

8.2.4　常用的标准函数

函数是一种能够完成某种特定操作或功能的数据形式。VBA 提供了近百个内置的标准函数，如 Int( )、Rnd( )，用户可以直接调用标准函数来完成多种操作。标准函数的调用形式如为：函数名(参数表列)。在使用函数时要注意以下几点。

（1）函数名。在每一种编程语言中，每个函数都有固定的名称，且不区分大小写。

（2）函数的参数。函数的参数相当于数学函数中的自变量，参数跟在函数名的后面，并用小括号（）括起来。当函数的参数超过一个时，各个参数之间用逗号"，"分隔；当函数没有参数或参数个数为零时，直接写上函数名即可。

（3）返回值。函数的运算结果称为函数值或返回值。任何可以使用表达式的地方都可以使用函数，表达式将函数的返回值作为运算对象。

1. 数学函数

（1）取整函数。

格式：INT（<数值表达式>）

功能：返回数值表达式的整数部分。

【例 8-11】

INT（5.88）	'结果为：5
INT（-5.68）	'结果为：-6
INT（21.5+6.8）	'结果为：28

（2）截取函数。

格式：Fix（<数值表达式>）

功能：去掉数值表达式的小数部分，只取整数部分。

【例 8-12】

Fix（5.88）	'结果为：5
Fix（-5.68）	'结果为：-5

（3）绝对值函数。

格式：Abs（<数值表达式>）

功能：求数值表达式的绝对值。

【例 8-13】

Abs（58）	'结果为：58
Abs（-30.27）	'结果为：30.27

（4）四舍五入函数。

格式：Round（<数值表达式 1>，<数值表达式 2>）

功能：按<数值表达式 2>指定保留的小数位数，对<数值表达式 1>的值进行四舍五入运算。

【例 8-14】

Round（215.517，0）	'结果为：216
Round（215.517，1）	'结果为：215.5
Round（215.517，2）	'结果为：215.52

（5）求平方根函数。

格式：Sqr（<数值表达式>）

功能：返回数值表达式的算术平方根值。

【例 8-15】

Sqr（2）	'结果为：1.41（这里保留了两位有效数字）
Sqr（65.78）	'结果为：8.11（这里保留了两位有效数字）

（6）求自然对数函数。

格式：Log（<数值表达式>）

功能：求数值表达式的自然对数值。

（7）幂函数。

格式：Exp（<数值表达式>）

功能：求数值表达式对于 e 的幂的值。

【例 8-16】

Log（28.67）	'结果为：3.36
Exp（5.57）	'结果为：262.43

（8）正弦函数。

格式：Sin（<数值表达式>）

功能：计算以<数值表达式>正弦值。

（9）余弦函数。

格式：Cos（<数值表达式>）

功能：计算以<数值表达式>余弦值。

（10）正切函数。

格式：Tan（<数值表达式>）

功能：计算以<数值表达式>正切值。

【例 8-17】

Sin（30*3.1415926/180）　　　　　　　　′ 结果为：0.5

Cos（45*3.1415926/180）　　　　　　　　′ 结果为：0.7

Tan（90*3.1415926/180）　　　　　　　　′ 结果为：0.58

在"立即窗口"中运行以上各数学函数，结果如图 8-11 所示。

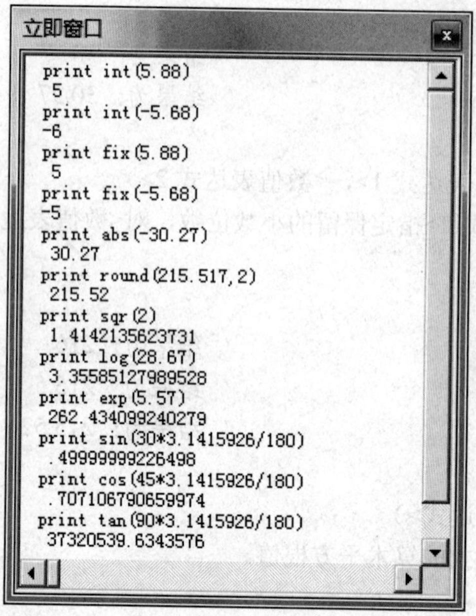

图 8-11　在"立即窗口"中完成数学函数运算

2．字符串处理函数

（1）求字符串长度函数。

格式：Len（<字符串表达式>）

功能：计算字符串中的字符个数，返回结果为数值型。

【例 8-18】

Len（"IBM 公司"）　　　　　　　　　　　′ 结果为：5

Len（"北京 2008 年奥运会！"）+1　　　　 ′ 结果为：12

注意：这里汉字计算为 1 个字符。

（2）左取子串函数。

格式：Left（<字符串表达式>，<数值表达式>）

功能：从指定的<字符串表达式>的左边开始截取<数值表达式>指定个数的字符。

注意：如果<数值表达式>给出的值大于字符表达式中字符的个数，则返回整个<字符串表达式>；如果<数值型表达式>的值为 0，则返回结果为空串。

（3）右取子串函数。

格式：Right(<字符串表达式>，<数值表达式>)

功能：从指定的<字符串表达式>的右边截取<数值表达式>指定个数的字符。

注意：如果<数值表达式>给出的值大于<字符串表达式>中字符的个数，则返回整个字符表达式。如果<数值表达式>的值为 0，则返回结果为空串。

（4）取子字符串函数。

格式：Mid（<字符串表达式>，<数值表达式 1> [，<数值表达式 2>]）

功能：从指定的<字符串表达式>中截取一个子字符串。子字符串的起点位置由<数值表达式 1>给出，截取于字符串的字符个数由<数值表达式 2>给出。

注意：如果省略<数值表达式 2>，截取的字符串将从<数值表达式 1>给出的位置一直到该字符表达式的结尾。

【例 8-19】

Left（"北京 2008 年奥运会"，2）'　结果为：北京

Right（"北京 2008 年奥运会"，3）'　结果为：奥运会

Mid（"北京 2008 年奥运会"，3,4）'　结果为：2008

（5）字符串位置检索函数。

格式：InStr（[<数字 1>] <字符串 1>，<字符串 2> [，<数字 2>]）

功能：求子<字符串 2>在主<字符串 1>中的起始位置，函数返回值为数值型。

注意：

①<数字 1>参数为可选参数，设置检索的起始位置。默认从第一个字符开始检索。②<数字 2>参数也为可选参数，指定字符串比较的方法，其值可以为 0、1 或 2。其中 0 是默认值，做二进制比较；1 是不区分大小写；2 做基于数据库中包含信息的比较。③如果<字符串 1>的长度为 0 或<字符串 2>检索不到，则函数返回 0；如果<字符串 2>长度为 0，则函数将返回<数字 1>的值。

【例 8-20】

InStr（"北京 2008 年奥运会"，"2008"）　　　　　　　　　'　结果为：3

InStr（9，"Access 数据库管理系统的数据模型"，"数据"）　　　'　结果为：15

（6）生成空格函数。

格式：Space（<数值表达式>）

功能：产生由数值表达式指定数目的空格，返回结果为字符串型。

【例 8-21】

"北京"+Space（2）+"2008 年"+Space（2）+"奥运会"

　　　　　　　　　　　　　　　　　　　　　'　结果为：北京　　2008 年奥运会

（7）字符串转换成小写字母函数。

格式：LCase（<字符串表达式>）

功能：将字符串表达式中的大写字母转换成小写字母。

（8）字符串转换成大写字母函数。

格式：UCase（<字符串表达式>）

功能：将字符串表达式中的小写字母转换成大写字母。

【例 8-22】

LCase（"Microsoft"）　　　　　　　　　　　　' 结果为：microsoft

UCase（"Microsoft"）　　　　　　　　　　　　' 结果为：MICROSOFT

UCase（"y"）= LCase（"Y"）　　　　　　　　' 结果为：True

（9）删除字符串左边空格函数。

格式：LTrim（<字符串表达式>）

功能：将字符串的前导空格删除。

（10）删除字符串尾部的空格函数。

格式：RTrim（<字符串表达式>）

功能：将字符串尾部的空格删除，即右边空格。

（11）删除字符串最左边和最右边的所有空格函数。

格式：Trim（<字符串表达式>）

功能：删除字符串中最左边和最右边的所有空格。

【例 8-23】

"Access"+" 面向对象程序设计 "+"应用"

　　　　　　　　　　' 结果为： Access 面向对象程序设计应用

"Access"+LTrim（" 面向对象程序设计"）+"应用"

　　　　　　　　　　' 结果为： Access 面向对象程序设计应用

"Access"+ RTrim（" 面向对象程序设计 "）+"应用"

　　　　　　　　　　' 结果为： Access 面向对象程序设计应用

"Access"+ Trim（" 面向对象程序设计 "）+"应用"

　　　　　　　　　　' 结果为： Access 面向对象程序设计应用

在"立即窗口"中运行以上各数学函数，结果如图 8-12 所示。

图 8-12　在"立即窗口"中完成字符串处理函数运算

3．日期和时间处理函数

（1）系统当前日期函数。

格式：Date（）

功能：返回系统的当前日期。

（2）系统当前时间函数。

格式：Time（）

功能：以 24 小时制的时、分、秒（HH:MM:SS）格式显示系统的当前时间。

（3）系统当前日期与时间函数。

格式：Now（）

功能：返回系统的当前日期和时间，日期和时间之间用空格分隔。

【例 8-24】

Date（）　　　　　　　'　结果为：2018/11/12（机器上的当前日期）

Time（）　　　　　　　'　结果为：12:36:15（机器上的当前时间）

Now（）　　　　　　　'　结果为：2018/11/12 12:36:25（机器上的当前日期和时间）

（4）截取日函数。

格式：Day（<日期型表达式>）

功能：返回日期型表达式中的日的数值，函数返回值为数值型。

（5）截取月份函数。

格式：Month（<日期型表达式>）

功能：返回日期型表达式中的月份数值，函数返回值为数值型。

（6）截取年份函数。

格式：Year（<日期型表达式>）

功能：返回日期型表达式中的年份数值，函数返回值为数值型。

（7）返回星期函数。

格式：Weekday（<日期型表达式>，［W］）

功能：返回整数 1~7，表示星期几。

说明：参数 W 可以指定一个星期的第一天是星期几。默认周日是一个星期的第一天，W 的值为 vbSunday 或 1。

【例 8-25】

Date（）　　　　　　　　　'　结果为：2012/11/12（机器上的当前日期）

Day（Date（））　　　　　'　结果为：12

Month（Date（））　　　　'　结果为：11

Year（Date（））　　　　　'　结果为：2012

Weekday（Date（））　　　'　结果为：2

在"立即窗口"中运行以上各数学函数，结果如图 8-13 所示。

4．类型转换函数

（1）字符转换成 ASCII 码函数。

格式：Asc（<字符串表达式>）

功能：把<字符串表达式>中的第一个字符转换成相应的 ASCII 码值，函数返回值为数值型。

（2）ASCII 码值转换成字符函数。

格式：Chr（<数值表达式>）

功能：把<数值表达式>的值转化成相应的 ASCII 码字符，函数返回值为字符串型。

说明：<数值表达式>的值必须是 0～255 之间的整数。

【例 8-26】

Asc（"Microsoft"）　　　　　　'　结果为：77（即大写字母 M 的 ASCII 码值）

Chr（68）　　　　　　　　　　'　结果为：D（即 ASCII 码值 68 所对应的字母 D）

Chr（Asc（"A"）+32）　　　　'　结果为：a（即将大写字母 A 转换为小写字母 a）

（3）数值型转换为字符串型函数。

格式：Str（<数值表达式>）

功能：将<数值表达式>的值转换成字符串。

说明：数值表达式的值为正时，返回的字符串将包含一个前导空格。

（4）字符串型转换成数值型函数。

格式：Val（<字符串表达式>）

功能：将由数字字符串（包括正负号和小数点）组成的字符型数据转换为数值型数据。

说明：数字字符串转换时可自动将字符串中的空格、制表符和换行符去掉，转换时，只要遇到非数字字符就结束转换；若字符串的首字符就不是数字字符，则返回值为 0。

【例 8-27】

Str（12.56）　　　　　　　　　'　结果为：　12.56

Len（Str（12.56））　　　　　　'　结果为：6

Len（LTrim(Str（12.56）））　　'　结果为：5

Val（"586 计算机"）　　　　　　'　结果为：586

Val（"ABC111.6789"）　　　　　'　结果为：0

在"立即窗口"中运行以上各数学函数，结果如图 8-14 所示。

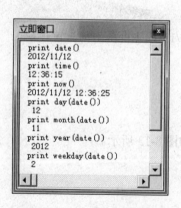

图 8-13　日期和时间函数运算

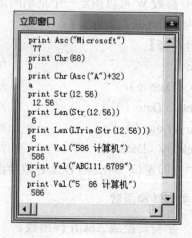

图 8-14　类型转换函数运算

5. 其他函数

（1）输入框函数。

格式：InputBox(Prompt［,Title(,Default［,Xpos］［,Ypos］［,Helpfile,Context］)

功能：输入框函数用于在一个对话框中显示提示，等待用户输入正文并按下按钮，然后返回包含文本框内容的数据信息。

说明：

① Prompt：是必选参数，作为对话框消息出现的字符串表达式。Prompt 的最大长度是 1024 个字符，具体由所用字符的宽度决定。如果 Prompt 包含多个行，则可在各行之间用回车符(Chr(13))、换行符(Chr(10))或回车换行符的组合(Chr(13) &(Chr(10))来分隔。

② Title：可选项，显示对话框标题栏中的字符串表达式。

③ Default：可选项，显示文本框中的默认值。

④ Xpos、Ypos：可选项，必须成对出现，用于指定对话框在屏幕上显示的位置。默认情况下在屏幕的中间。

⑤ Helpfile：可选项，识别帮助文件，用该文件为对话框提供上下文相关的帮助。

⑥ Context：可选项，由帮助文件的作者指定给某个帮助主题的帮助上下文编号，Context 选项与 Helpfile 选项若选择，则必须同时都选。

【例 8-28】使用 InputBox 函数返回用键盘输入的学生姓名。其具体操作步骤如下。

Step 01 启动 Access 2010，打开命名为 "VBA 示例数据库"。

Step 02 单击 "数据库工具" 选项卡中 "宏" 组中的 "Visual Basic" 按钮，进入 VBA 的编程环境。

Step 03 选择 "插入" 菜单，在弹出的下拉菜单中选择 "模块" 选项，或者单击编辑器中的 "插入模块" 按钮，新建一个 "模块 1"。

Step 04 在弹出的 "模块 1" 的 "代码" 窗口中输入如下 VBA 代码：

```
Sub cz()
Dim SnameAs String
Sname = InputBox("请输入要查找的学生姓名：", "提示信息")
End Sub
```

Step 05 单击 "保存" 按钮，在弹出的 "另存为" 对话框中，将该模块命名为 "czname"。

Step 06 运行该程序，结果如图 8-15 所示。

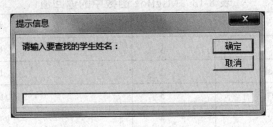

图 8-15　输入框函数示例

（2）消息框函数。

格式：MsgBox (Prompt ［, Buttons］［,Title］［,Helpfile,Context］)

功能：消息框用于在对话框中显示消息，等待用户单击按钮，并返回一个整型值指示用户单击了哪一个按钮。

说明：

① Prompt、Title、Helpfile、Context 参数的使用与 InputBox 相同。

② Bunons 为可选项，用于显示按钮的数目、使用的图标样式、消息框的默认按钮设置（如果省略，则默认值为 0）和函数返回值。具体内容见表 8-10～表 8-13 所示。

表 8-10　Buttons 参数与按钮的对应关系

常量	值	说明
VbOkOnly	0	显示"确定"按钮
VbOkCancel	1	显示"确定"和"取消"按钮
VbAbortRetryIgnore	2	显示"终止""重试"和"忽略"按钮
VbYesNoCancel	3	显示"是""否"和"取消"按钮
VbYesNo	4	显示"是"和"否"按钮
VbRetryCancel	5	显示"重试"和"取消"按钮

表 8-11　Buttons 参数中图标设置的常数

常量	值	说明
VbCritical	16	显示重要信息图标
VbQuestion	32	显示警告查询图标
VbExclamation	48	显示警告消息图标
VbInformation	64	显示信息消息图标

表 8-12　Buttons 参数中默认按钮设置的常数

常量	值	说明
VbDefaultButton1	0	第一个按钮为默认值
Vb DefaultButton2	256	第二个按钮为默认值
Vb DefaultButton3	512	第三个按钮为默认值

表 8-13　MsgBox 函数中的返回值

常量	值	说明
VbOk	1	确定
VbCancel	2	取消
VbAbort	3	终止
VbRetry	4	重试
VbIgnore	5	忽略
VbYes	6	是
VbNo	7	否

【例 8-29】使用 MsgBox 函数提示是否进行保存操作。其具体操作步骤如下。

Step 01　在 VBA 的编程环境中选择"插入"菜单，在弹出的下拉菜单中选择"模块"选项，或者单击编辑器中的"插入模块"按钮，新建一个"模块 1"。

Step 02　在弹出的"模块 1"的"代码"窗口中输入如下 VBA 代码:

```
Sub bc()
Dim SaveAs String
Save=MsgBox ("是否保存所作修改？",3+32+512,"警告框")
End Sub
```

Step 03　单击"保存"按钮，在弹出的"另存为"对话框中，将该模块命名为"bcqr"。

Step 04　运行该程序，结果如图 8-16 所示。

图 8-16　消息框函数示例

8.2.5　程序语句

用一定的程序语句，将各种变量、常量、运算符、函数等连接在一起的、能够完成特定功能的代码块，这就是程序。由此可见，各个程序语句在整个程序中十分重要。VBA 的程序语句主要可以分为以下几种。

（1）声明语句：用于为变量、常数或程序取名称，并指定一个数据类型。

（2）赋值语句：用于指定一个值或表达式为变量或常数。

（3）可执行语句：它会初始化动作，可以执行一个方法或者函数，并且可以循环执行或从代码块中执行。可执行语句中包含算术运算符或条件运算符。

在程序中由语句完成具体的功能，执行具体的操作指令。任何编程语言都要满足一定的语法要求，以下是一些基本的语法规定。

（1）每个语句的最后都要按【Enter】键结束。

（2）多个语句写在同一行时，各个语句之间要用":"分隔开。

（3）一个语句可以写在多行，续行符是空格后跟下划线"空格+—"，不能在字符串的中间使用续行符。

（4）语句中的命令词、函数、变量名、对象名等不区分大小写。

VBA 具有自动的"语法联想功能"，在输入语句的过程中 VBA 将自动对输入的语句做检查联想。如果发现输入的是一个内部函数，则会自动弹出该函数的语法提示框；如果发现输入的是一个对象，则会弹出让用户选择操作命令的菜单。

VB 编辑器将按自己的约定对语句进行简单地格式化处理，如自动地将命令词的第一个字母大写、运算符前后自动加空格等。因此用户在输入命令词、函数等可以不区分大小写，这大大方便了用户，并能够使编辑的代码格式统一，便于阅读。

关于 VBA 的声明语句，前面介绍常量时已经介绍过，此处将着重介绍赋值语句、命令语句中的结束、输出语句等，它们是 VBA 中最经常用到的语句。

1．赋值语句

赋值语句可以将特定的值赋给某个变量或者某个对象属性。赋值语句的赋值是通过赋值运算符"="来实现的，将赋值运算符右侧的表达式付给其左侧的变量或者某个对象的属性。

【例 8-30】

```
a=10
a=a+1
stname.text="刘晓娜"
```

2．结束语句

结束语句 End 主要用来结束一个程序的执行。

【例 8-31】

```
Sub aa()
End
End Sub
```

这是一个最简单的结束事件过程的例子，定义了一个过程 aa()，其中只有一条语句 End，用来结束程序的执行。

在 VBA 中，End 语句除用来结束程序以外，还可以结束过程、结束语句块等，如：

```
End Sub              '结束一个 Sub 过程
End Function         '结束一个 Function 函数
End If               '结束一个 If 语句块
End Type             '结束用户自定义类型的定义
```

应用 End 结束过程是一个好的习惯，可以减少错误的发生，增强程序的可读型。实际上在 VBA 中，系统已经将 End 语句作为约定的格式，如在"代码"窗口中输入"Sub aa()"，按【Enter】键后，系统会自动地加上"End Sub"语句。

3．输入语句

在 VBA 中，因应用的不同相应的输入方法也不同。在过程中，可以通过窗体或报表上的控件来输入数据，也可以通过内置函数来输入数据。此处通过对前面讲过的一个最常用的输入函数 InputBox 的参数设置，来完成输入。

【例 8-32】在 VBA 的编程环境中新建一个"模块 1"，在"代码"窗口输入如图 8-17 所示过程，并运行。

运行该程序，第一个对话框将显示信息、标题和默认值，并且使用帮助文件及上下文，"帮助"按钮将会自动出现，如图 8-18 所示。第二个对话框将在距上方和左方各 100 的位置显示对话框，显示默认值，但不显示标题信息，如图 8-19 所示。

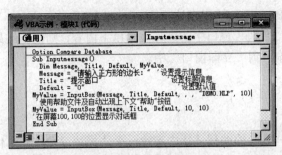

图 8-17　输入语句示例的"代码"窗口

图 8-18　显示信息、标题和默认值的窗口　　　　图 8-19　不显示标题信息的窗口

由此可见，InputBox 函数用于输入数据。它可以产生一个对话框，这个对话框作为输入数据的界面，等待用户输入数据并返回所输入的内容。

4. 输出语句

在 VBA 中，可以将数据输出到窗体，也可以利用 Access 的内置函数来实现数据的输出。此处介绍使用 MsgBox 函数和 print 语句来实现数据的输出。

前面曾介绍过使用 Print 语句在"立即窗口"输出运算结果，在 VBA 中，"立即窗口"主要用于程序的调试。若要在"代码"窗口中使用 Print 语句，则其格式如下：

Debug.Print（表达式）

下面通过例子来介绍使用 MsgBox 函数和 Print 语句实现数据的输出。

【例 8-33】用 MsgBox 函数输出表达式 3*（1+1）的值。

Step 01 在 VBA 的编程环境中新建一个"模块 1"，在"代码"窗口输入如图 8-20 所示过程。

Step 02 运行该程序，结果如图 8-21 所示。

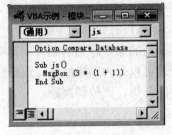　　　　　　　

图 8-20　"代码"窗口　　　　　　　　　图 8-21　运行结果

由此可见，MsgBox 函数的作用就是弹出一个对话框，用以向用户传达信息，并通过用户在对话框上的选择，接收用户所做的响应。

【例 8-34】用 Print 语句输出表达式 3*（1+1）的值。

若将例 8-32 的"代码"窗口中的过程改为以下内容，则输出结果不再以对话框的形式输出，而是显示输出到"立即窗口"中。

```
Sub js()
Debug.Print (3*（1+1）)
End Sub
```

【例 8-35】在 VBA 的编程环境中新建一个"模块 2"，在"代码"窗口输入如图 8-22 所示过程，并运行。

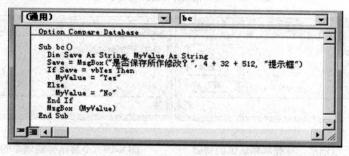

图 8-22 "代码"窗口

运行该程序。显示的第一个对话框如图 8-23 所示。若选择"是"按钮，则弹出如图 8-24 所示的对话框；若选择"否"按钮，则弹出如图 8-25 所示的对话框。

图 8-23 运行结果-1　　　图 8-24 运行结果-2　　　图 8-25 运行结果-3

8.3　VBA 的程序结构

了解了 VBA 最基本的书写规则和基本语句后，就可以开始编写 VBA 程序了。程序是为实现特定目标或解决特定问题而用计算机语言编写的命令序列的集合，其实质是一系列语句和指令。在所有的程序中，程序的结构一般可以分为顺序结构、选择结构和循环结构 3 种。利用各种结构，可以实现对给定条件的分析、比较和判断。

8.3.1　顺序结构

顺序结构是最简单的基本结构，按照程序的编写顺序依次执行的语句序列，即执行完一条语句之后，继续执行第二条语句，以此类推，其流程图如图 8-26 所示。在程序中经常使用的顺序结构的语句有赋值语句（=）、输出语句（Print）、清屏语句（Cls）、注释语句（'或 Rem）等。

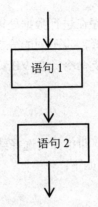

图 8-26　顺序语句结构流程图

【例 8-36】从键盘输入正方形的边长，计算并输出正方形的面积。

启动 Access 2010，打开"VBA 示例"数据库，单击"创建"选项卡"宏与代码"组中的"模块"按钮，新建了一个模块，并进入 VBA 编辑器，在"代码"窗口中输入如下代码：

```
Sub Square()
    Dim r As Single          '定义存放边长的变量
    Dim s As Single          '定义存放面积的变量
    r= InputBox（"请输入正方形的边长："）
    s=r^2
MsgBox (s)
End Sub
```

运行该程序时，首先由 InputBox 函数弹出对话框，要求输入正方形边长，如图 8-27 所示，输入了边长，单击"确定"按钮后，弹出如图 8-28 所示的运行结果。这个程序中的输出语句"MsgBox (s)"也可以换成"Debug.Print r^2"，这样输出结果就显示在了"立即窗口"中。

在上面的例子中首先定义了一个名为 Square()的 Sub 过程，然后定义单精度型变量半径和面积，设置计算公式为 s=r^2，然后用一个对话框输出计算结果。可以看出每一步都是顺序执行的，这是一个典型的顺序结构。

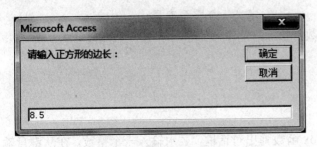

图 8-27　输入正方形边长

图 8-28　计算结果

8.3.2 结构

选择结构也称为分支结构。程序在进行数据处理时，常常会遇到一些选择，这时需要根据不同的条件来作出相应的选择，走不同的分支，采取不同的操作。实现这一过程的程序结构语句称为选择结构或分支命令。在 VBA 中提供两种选择结构语句，即 If 语句和 SelectCase 语句。

1. If 语句

If 语句提供了两种不同的格式，即单分支选择结构和双分支选择结构。

（1）单分支选择结构。其格式如下：

   If <条件表达式> Then

   <语句序列>

   End If

功能：若<条件表达式>为真，则顺序执行语句序列，否则跳过命令序列，直接执行 End If 的后继语句。单分支选择结构的流程图如图 8-29 所示。

图 8-29　单分支流程图

说明：If 和 End If 应成对出现。

【例 8-37】从键盘输入一个整数，若该数为正数，则输出显示"这是一个正数！"。

进入 VBA 编辑器，在"代码"窗口中输入如下代码：

```
Sub Pd1()
Dim x As Integer                    ' 定义一个整型变量
x=InputBox （"请输入一个整数："）
    If x>0 Then
MsgBox（"这是一个正数！"）
    End If
End Sub
```

运行该程序时，首先由 InputBox 函数弹出对话框，要求输入一个整数，在从键盘输入一个整数后，如图 8-30 所示，单击"确定"按钮，根据 If 语句的判断，弹出如图 8-31 所示的运行结果。若输入的是零或负数，则无显示结果。

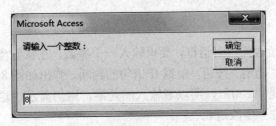

图 8-30　输入一个正整数　　　　　　　　　　　图 8-31　单分支判断结果

（2）双分支选择结构。其格式如下：

If <条件表达式> Then

<语句序列 1>

Else

<语句序列 2>

End If

功能：若<条件表达式>为真，则顺序执行<语句序列 1>，然后转去执行 End If 的后继语句；否则若<条件表达式>为假，则跳过<语句序列 1>，顺序执行<语句序列 2>，再执行 End If 的后继语句。双分支选择结构的流程图如图 8-32 所示。

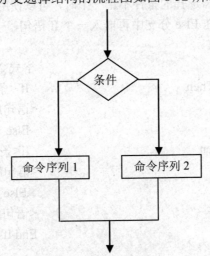

图 8-32　双分支流程图

【例 8-38】从键盘输入一个整数，若该数为正数，则输出显示"这是一个正数！"；若该数为负数，则输出显示"这是一个负数！"。

进入 VBA 编辑器，在"代码"窗口中输入如下代码：

```
Sub Pd2()
Dim x As Integer                    '定义一个整型变量
    x=InputBox（"请输入一个整数："）
    If x>0 Then
MsgBox ("这是一个正数！")
```

```
        Else
    MsgBox ("这是一个负数！")
        End If
    End Sub
```

运行该程序时，首先由 InputBox 函数弹出对话框，要求输入一个整数，在从键盘输入一个整数后，如图 8-33 所示，单击"确定"按钮，根据 If 语句的判断，弹出如图 8-34 所示的运行结果。此处的判断语句因是"x>0"，所以若输入的是零，则仍显示"这是一个负数！"，这在后面的例子中有进一步改进。

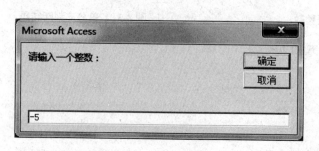

图 8-33　输入一个负整数　　　　　　　　　图 8-34　双分支判断结果

2．If 语句的嵌套

当情况比较复杂、所需选择的条件不止一个时，可以使用 If 语句的嵌套来完成所需操作。If 语句的嵌套就是在 Else 分支中再嵌入一个 If 语句，一般采用缩格书写。这种结构可以多次嵌套。

格式 1：
```
    If<条件表达式 1> Then
<语句序列 1>
    Else
If<条件表达式 2> Then
<语句序列 2>
Else
<语句序列 3>
End If
    End If
```

格式 2：
```
    If<条件表达式> Then
<语句序列 1>
Else
    If<条件表达式 2> Then
<语句序列 2>
    Else
<语句序列 3>
End If
```

功能：若<条件表达式 1>为真，则顺序执行<语句序列 1>，然后转去执行 End If 的后继语句；否则若<条件表达式 1>为假，则跳过<语句序列 1>，执行 Else 后面嵌套的 If 语句，即若<条件表达式 2>为真，则顺序执行<语句序列 2>，若<条件表达式 2>为假，则顺序执行<语句序列 3>。

> ▶ 说明
>
> 格式 2 使用 ElseIf 语句来表示嵌套，与格式 1 功能相同，仅是书写形式不同。需要注意的是这种形式的嵌套表示因只有一个 If 语句，所以只有一个 End If 语句；而格式 1 中因有两个 If 语句，因此有 2 个 End If 语句。

【例 8-39】从键盘输入一个整数，若该数为正数，则输出显示"这是一个正数！"；若该数为负数，则输出显示"这是一个负数！"；若该数为零，则输出显示"输入的是零！"。

进入 VBA 编辑器，在"代码"窗口中输入如下代码：

```
Sub Pd3()
    Dim x As Integer                    '定义一个整型变量
    x = InputBox("请输入一个整数：")
If x> 0 Then
MsgBox ("这是一个正数！")
    Else
If x = 0 Then
MsgBox ("输入的是零！")
Else
MsgBox ("这是一个负数！")
End If
    End If
End Sub
```

运行该程序时，首先由 InputBox 函数弹出对话框，要求输入一个整数，在从键盘输入一个整数后，根据 If 语句对输入数据的判断，弹出相应的显示结果输出窗口。这是一个用格式 1 的形式编写的程序，而下面的程序代码则是用格式 2 的形式编写的，读者可以体会这两种形式的区别。

```
Sub Pd4()
    Dim x As Integer                    ' 定义一个整型变量
    x = InputBox("请输入一个整数：")
If x> 0 Then
Debug.Print "这是一个正数！"
ElseIf x = 0 Then
Debug.Print"输入的是零！"
    Else
Debug.Print"这是一个负数！"
    End If
End Sub
```

▶ 说明

这个例子中的输出语句使用的是 Debug.Print，结果显示在"立即窗口"中，与 InputBox 函数在功能上相同，都能实现输出。

3．Select Case 语句

除了前面介绍的 If 语句的嵌套可以实现多个分支的选择，VBA 还提供了专门用于检查多个条件的多分支选择结构语句 Select Case 语句。

其格式如下：

Select Case <表达式>

   Case <表达式 1>

<语句序列 1>

   Case <表达式 2>

<语句序列 2>

   ……

   Case <表达式 n>

<语句序列 n>

   Case   Else

<语句序列 n+1>

End Select

功能：当程序执行到 Select Case 语句时，首先计算<表达式>的值，它可以是字符串或是数值，然后依次和每个 Case 后面的<表达式>中的值进行比较，当遇到匹配的值时，程序会转入相应 Case 语句序列中执行，执行完该语句序列后，整个 Select 语句结束，执行 End Select 的后继语句。

Case 表达式可以是下列 4 种格式之一：

（1）单一数值，如 Case 5。

（2）多个并列的数值，数值之间用逗号分隔，如 Case 1，3，5。

（3）用关键字 To 分隔开的两个数值或表达式之间的范围，如 Case 1 to 100，且前一个值必须比后一个值小。

（4）用关键字 Is 连接关系运算符，后面跟变量或具体的值，如 Case Is>10。

Case 语句是依次测试的，并执行第一个符合 Case 条件的相关语句序列，后面即使还有其他符合条件的分支也不会再执行。如果没有找到符合条件的，并且有 Case Else 语句，就会执行该语句后面的语句序列。

【例 8-40】根据输入的院系来显示学生来自哪个院系或专业。

进入 VBA 编辑器，在"代码"窗口中输入如下代码：

```
Sub choose()
    Dim str1 As String
    str1 = InputBox ("请输入您所在的系：")
    Select Case str1
        Case "经管"
MsgBox ("您来自经济与管理科学系！")
        Case "文法"
MsgBox ("您来自文法外语系！")
        Case "工程"
MsgBox ("您来自工程与应用科学系！")
        Case "计科"
MsgBox ("您来自信息与计算机科学系！")
        Case Else
```

MsgBox（"您输入的信息有误！"）

　　End Select

End Sub

运行该程序时，首先由 InputBox 函数弹出对话框，要求输入所在院系，如图 8-35 所示，单击"确定"按钮，根据 Select Case 语句的判断，弹出如图 8-36 所示的运行结果。若输入的院系不在判断之列，则显示如图 8-37 所示的结果。

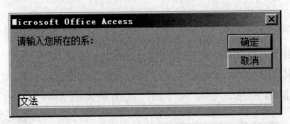

图 8-35　输入院系

图 8-36　判断结果 1

图 8-37　判断结果 2

【例 8-41】将某课程的百分制成绩 mark 转换为对应的等级表示的成绩 grade，转换的规则如下：mark>=90 为优，80<=mark<90 为良，70<=mark<80 为中，60<=mark<70 为及格，mark<60 为不及格。同时判断在不及格的情况下是需要补考还是重修，其中：30<=mark<60 时应补考，mark<30 时应重修。

进入 VBA 编辑器，在"代码"窗口中输入如下代码：

```
Sub Translate（）
    Dim mark As Integer
Dim grade As String
mark = InputBox（"请输入成绩："）
Select Case mark
    Case 90 To 100
grade = "优"
    Case 80 To 89
      grade = "良"
Case 70 To 79
      grade = "中"
Case 60 To 69
grade = "及格"
    Case 0 To 59
```

```
    If mark >= 30 Then
grade = "不及格，需要补考"
Else
grade = "不及格，需要重修"
End If
End Select
MsgBox (grade)
End Sub
```

运行该程序时，首先由 InputBox 函数弹出对话框，要求输入成绩，如图 8-38 所示，单击"确定"按钮，根据 Select Case 语句的判断，弹出如图 8-39 所示的运行结果。若输入"55"，结果如图 8-40 所示，若输入"15"则结果如图 8-41 所示的。

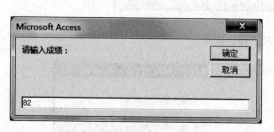

图 8-38　输入成绩

图 8-39　判断结果

图 8-40　输入"55"的判断结果

图 8-41　输入"15"的判断结果

由此例可以看出，Case 中的执行语句又可以包含各种顺序结构或条件结构等。当然此例中也可以不用 If 嵌套，可以继续拆分为两个条件，如：Case 30 To 59 和 Case 0 To 29。

4．分支功能函数

在 VBA 中，除了 If 和 Select Case 两种条件语句外，还有 3 个函数可以实现分支选择操作。

（1）IIf 函数。其格式如下：

IIf(<条件表达式>，<表达式 1>，<表达式 2>)

功能：IIf 函数根据<条件表达式>的值来决定函数返回值。若<条件表达式>的值为真，函数返回<表达式 1>的值；如果<条件表达式>值为假，函数返回<表达式 2>的值。

【例 8-42】输入两个整数，输出较大者。

进入 VBA 编辑器，在"代码"窗口中输入如下代码：

```
Sub bj()
Dim a As Integer
Dim b As Integer
a = InputBox （"请输入第一个数："）
b = InputBox （"请输入第二个数："）
MsgBox （Iif （a>b, a, b））
End Sub
```

（2）Switch 函数。其格式如下：

Switch（<条件表达式 1>，<表达式 1> ［，<条件表达式 2>，<表达式 2>…<条件表达式 n>，<表达式 n>］）

功能：据各条件式的值来确定函数返回值。条件式是由左至右进行计算判断的，在第一个相关的条件式为真时，即将该表达式作为函数返回值。

【例 8-43】用 Switch 函数实现例 8-40。

进入 VBA 编辑器，在"代码"窗口中输入如下代码：

```
Sub Translate1()
Dim mark As Integer
Dim grade As String
mark = InputBox （"请输入成绩："）
grade = Switch（mark >= 90, "优", mark >= 80, "良", mark >= 70, "中", mark >= 60,
"及格"，mark >= 30，"补考"，mark < 30，"重修")
MsgBox (grade)
End Sub
```

（3）Choose 函数。其格式如下：

Choose（<索引式>，<选项 1> ［，<选项 2>,…<选项 n>］）

功能：根据<索引式>的值来返回选项列表中的某个值。如果<索引式>值为 1，函数返回<选项 1>的值；如果<索引式>值为 2，函数返回<选项 2>的值，以此类推。只有<索引式>的值在 1 和可选择的项目数之间时，函数才返回其后的选项值；如果<索引式>的值不在这个范围，则函数返回 Null；如果<索引式>不是整数，则会先四舍五入为与其最接近的整数。

【例 8-44】

进入 VBA 编辑器，在"代码"窗口中输入如下代码：

```
Sub Ch()
    Dim a As Integer
    Dim b As Integer
    a = 2
    b = 5
    MsgBox ( choose(2，a，a + b，b))'  结果为 7
End Sub
```

8.3.3　循环结构

应用程序在进行数据处理时，还会遇到一些需要对不同的数据进行多次相同操作的情况，实现这种需要重复操作的命令称为循环命令，该命令可以控制程序中的某段代码被重复执行若干次。在 VBA 中提供了两种循环结构，分别为 Do-Loop 循环和 For-Next 循环。

1. Do-Loop 循环语句

其格式如下：

Do while〈条件表达式〉

〈语句序列 1〉

[Exit Do]

〈语句序列 2〉

Loop

功能：判断<条件表达式>的值，若其值为"真"则执行各语句序列（即循环体），遇到 Loop 后，再返回到 Do while 重新判断条件，重复上述过程；若条件为"假"则跳出循环体，转而执行 Loop 的后继语句。Do-Loop 循环结构的流程图如图 8-42 所示。

说明：

（1）Do while 为循环开始，Loop 为循环结束，两者必须配对出现。

（2）Exit Do 也叫循环退出语句，它能立即跳出循环，而无论条件是否成立。Exit Do 可以出现在循环体的任何位置，一般包含在判断语句中，即根据判断结果决定是否退出循环。

（3）循环是否继续取决于条件的当前值，一般在循环体内应含有改变条件的语句（或含有 Exit Do），否则将造成死循环。

（4）与选择结构相同，循环也可以嵌套。

【例 8-45】求 S=1+2+3+4+…+100。

进入 VBA 编辑器，在"代码"窗口中输入如下代码：

```
Sub Add( )
Dim S As Integer          '声明变量
  Dim I As Integer        '声明变量
  S = 0                   '变量赋值
  I = 1                   '变量赋值
  Do While I <= 100       '循环开始语句
  S = S + I               '循环体
  I = I + 1
  Loop                    '循环结束语句
MsgBox（S）                '输出计算结果
End Sub
```

运行该程序，结果如图 8-43 所示的。

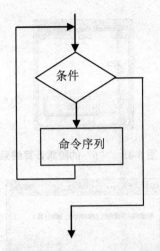

图 8-42 Do—Loop 循环结构流程图 　　　　　图 8-43 运行结果

【例 8-46】由键盘输入一个数 N，计算 n 的阶乘。若阶乘值大于 10000 则终止计算退出循环，并给出提示；若阶乘值不大于 10000，输出计算结果。

进入 VBA 编辑器，在"代码"窗口中输入如下代码：

```
Sub Jie()
    Dim S As Single
    Dim I As Single, N As Single
    N = InputBox（"请输入一个数："）
    S = 1
    I = 1
    Do While I <= N
      S = S * I
      If S >= 10000 Then
        Exit Do            '循环退出语句，不再判断条件，提前结束循环
      End If
      I = I + 1
    Loop
    If I > N Then          ' 判断是否提前结束循环
MsgBox (S)
    Else
MsgBox（"阶乘超过了规定的上限 10000，结束计算！"）
    End If
End Sub
```

运行该程序，当输入计算阶乘的数据"6"时，如图 8-44 所示，因其结果小于题目设定的 10000 的上限，得到"6"的阶乘的计算结果 720，结果如图 8-45 所示的。当输入计算阶乘的数据"8"时，如图 8-46 所示，因其计算过程中大于题目设定的 10000 的上限，结束循环则不再计算，结果如图 8-47 所示。

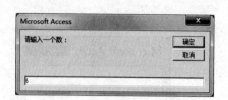

图 8-44　输入计算阶乘的数"6"

图 8-45　"6"的阶乘计算结果

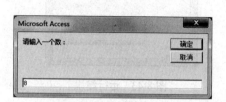

图 8-46　输入计算阶乘的数"8"

图 8-47　"8"的阶乘超过上限结束

2．For-Next 循环语句

其格式如下：

For<循环变量>＝<初值>To<终值>［　Step<步长>］

<语句序列 1>

　　<语句序列 2>

Next　［<循环变量>］

功能：首先对<循环变量>赋<初值>，当<循环变量>的值小于或等于<终值>时，则执行循环体中的语句序列，执行完循环体后遇到语句"Next <循环变量>"时使循环变量加上步长，然后再回到 For 语句重复进行判断，直到当<循环变量>的值大于<终值>，则结束循环。For-Next 循环结构的流程图如图 8-48 所示。

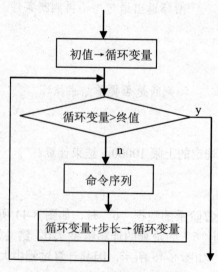

图 8-48　For-Next 循环流程图

说明：

（1）<循环变量>相当于计数器，取值范围在<初值>和<终值>之间，通过判断变量值是否在指定范围内来确定循环体是否重复执行。

（2）步长是每次循环时<循环变量>增加的值，默认为 1。

（3）一般循环体内不包含改变循环变量值的语句，循环次数由初值、终值和步长确定。当循环次数已知或可确定时，使用 For-Next 循环语句。

（4）Exit Do 语句可以放在循环体的任何位置，用法及功能与 Do-Loop 循环相同。

【例 8-47】利用 For-Next 循环计算 S=1+2+3+…+100。

进入 VBA 编辑器，在"代码"窗口中输入如下代码：

```
Sub Add1()
    Dim S As Integer
    Dim I As Integer
    S = 0
    For I = 1 To 100                    ' 缺省步长默认为 1
        S = S + I
    Next
MsgBox (S)
End Sub
```

运行该程序，结果如图 8-49 所示。

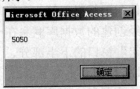

图 8-49　循环计算 1 到 100 的和

【例 8-48】编程绘制九九乘法表。

进入 VBA 编辑器，在"代码"窗口中输入如下代码：

```
Sub jjcf()
    Dim iAs Integer, j As Integer
    For i = 1 To 9
Debug.Print "    " &i;                  ' 分号表示在同行输出
    Next
    Debug.Print " "                     ' print 语句后面没有分号表示换行输出
    For i = 1 To 9
Debug.Printi;
    For j = 1 To j
Debug.Print "    " &i * j;
    Next j
Debug.Print " "
    Next i
```

End Sub

运行该程序，结果显示在"立即窗口"中，如图 8-50 所示。

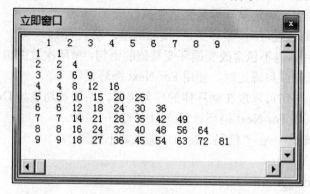

图 8-50　九九乘法表

8.3.4　VBA 与宏

1. VBA 程序与宏的关系

在实际应用中，利用宏就可以完成许多任务，但并不是所有的场合都适合宏，这要取决于要完成的任务的性质。

对于诸如打开窗体和关闭窗体、运行报表等相对简单的任务，使用宏是一种很方便的方法，它可以简捷迅速地将已经创建的数据库联系在一起，而不需要记住各种语法，并且每个操作的参数都显示在"宏"窗口的下半部分。

而在以下情况，使用 VBA 要比使用宏更为方便：

（1）数据库管理和维护。因为宏是独立于窗体和报表的一种对象，包含太多的宏将会使数据库变得难以维护，而 VBA 的事件过程是创建在窗体和报表的事件属性中。如果把窗体和报表从一个数据库移动到另一个数据库，则窗体或报表所带的事件过程也随之移动，这就大大方便了数据的维护和管理。

（2）创建自己的函数。尽管 Access 包含了大量的内置函数，但是许多函数特别是数学计算函数是需要用户自己定义的，而 VBA 恰恰为用户提供了创建函数的功能。

2. 将宏转换为 VBA 程序代码

使用 Access 2010 可以动将宏转换为 VBA 模块或类模块。用户可以转换附加到窗体或报表的宏，而无论它们是作为单独的对象存在还是作为嵌入的宏存在；也可以转换未附加到特定窗体或报表的全局宏。

（1）转换附加到窗体或报表的宏。

【例 8-49】已知"教务管理数据库"中有"成绩输入"窗体，将附加到该窗体的宏转换为 VBA 代码。其具体步骤如下。

Step 01 启动 Access 2010，打开"教务管理数据库"。在导航窗格中"成绩输入"窗体上单击鼠标右键单击，在弹出的快捷菜单中选择"设计视图"选项，如图 8-51 所示。

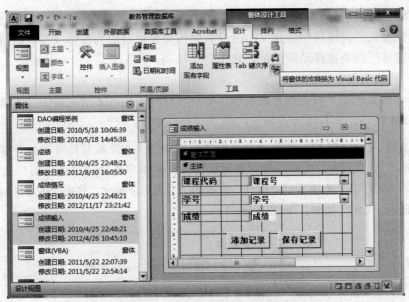

图 8-51　"成绩输入"设计视图

Step 02 在"窗体设计工具"选项卡的"设计"选项的"工具"分组中，单击"将窗体的宏转换为 Visual Basic 代码"按钮，弹出如图 8-52 所示的"转换窗体宏：输入成绩"对话框。

Step 03 单击"转换"按钮，弹出如图 8-53 所示的提示对话框，单击"确定"按钮。

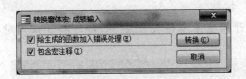

图 8-52　"转换窗体宏：输入成绩"对话框　　　图 8-53　"将宏转换为 Visual Basic 代码"对话框

Step 04 在"工具"分组中单击"查看代码"按钮（图 8-53 中"将窗体的宏转换为 Visual Basic 代码"按钮上方的按钮），进入如图 8-54 所示的 VBA 界面，可在"代码"窗口中查看转换后的代码。

图 8-54　"成绩输入"窗体转换后的代码窗口

Access 数据库实用技术

将窗体或报表(或者其中的任意控件)引用(或嵌入在其中)的任意宏转换为 VBA,并向窗体或报表的类模块中添加 VBA 代码,则该类模块将成为窗体或报表的组成部分,并且如果窗体或报表被移动或复制,它也随之移动。

(2)转换全局宏。

【例 8-50】已知"教务管理数据库"中有"打开学生基本情况表宏",将该全局宏转换为 VBA 代码。其具体步骤如下。

Step 01 启动 Access 2010,打开"教务管理数据库"。在导航窗格中"打开学生基本情况表宏"上单击鼠标右键,在弹出的快捷菜单中选择"设计视图"选项。

Step 02 在"宏工具"选项卡的"设计"选项的"工具"分组中,单击"将宏转换为 Visual Basic 代码"按钮,如图 8-55 所示。

图 8-55　"工具"分组

Step 03 在弹出的"转换宏:打开学生基本情况表宏"对话框中单击"转换"按钮,弹出转换完毕提示对话框,单击"确定"按钮。

Step 04 在"工程栏"中双击"被转换的宏--打开学生基本情况表宏",即可打开该宏对应的 VBA 代码,如图 8-56 所示。

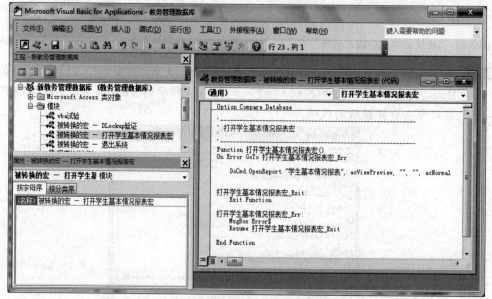

图 8-56　"打开学生基本情况表宏"转换后的代码窗口

8.4　过程与模块

在 VBA 编程中经常用到过程、函数、模块等概念，它们有着怎样的联系和区别，又是如何使用的呢？

8.4.1　过程和模块的概念

1. 过程

把能够实现特定功能的程序段用特定的方式封装起来，这种程序段的最小单元就称为过程。一个模块中可以包含多个过程。

在 VBA 的编辑环境中，过程的识别很简单，就是两条横线内，Sub 与 End Sub 或者 Function 与 End Function 之间的所有部分，如图 8-57 所示。从该图中可以看到其中有三个分别名为 "Square" "Pd" 和 "Pd2" 的过程，每个过程内的程序语句都能够完成一定的功能，如 Square 过程是计算正方形面积，"Pd" 是判断一个正数，"Pd2" 是判断整数和负数。前面选择结构当中所举的例子也都是以过程的形式完成的。

图 8-57　"选择" 模块中的过程

2. 模块

模块是由能够完成一定功能的过程组成的，而过程又是由一定功能的代码组成的。打开一个 "代码" 窗口，这个窗口就是一个模块，如图 8-57 是一个名为 "选择" 的模块。进入 VBA 编辑器以后，如果要创建过程，那么应该做的第一步就是要先新建一个模块，然后在这个模块中建立过程。

使用导航窗格的 "模块" 部分可以创建和编辑标准模块中包含的 VBA 代码。每个模块基本上是由声明、语句和过程组成的集合，它们作为一个已命名的单元存储在一起，对 Microsoft Visual Basic 代码进行组织。声明部分用于说明模块中使用的变量，过程则是模块的组成单元。

模块是 VBA 编程中的主要对象,是用 VBA 语言编写好的程序代码。模块与宏有一些

相似之处，宏是是由系统自动生成的程序模块，

VBA 代码模块可以是与窗体和报表无关的独立对象（标准模块），也可以包含在窗体和报表中（通常称为类模块或窗体和报表模块）。

（1）类模块，也称为窗体和报表模块。所有的窗体和报表均支持事件，与窗体和报表相关联的过程可以是宏或 VBA 代码。窗体模块中的事件过程代码用于相应窗体或窗体上控件的触发事件。报表模块中的事件过程代码用于相应报表或报表上控件的触发事件。

在窗体或报表的设计视图中，只要单击"属性表"面板中"事件"选项卡的"成为当前"栏的省略号按钮，就可以打开 VBA 编辑器，并显示事件代码。窗体和报表模块的作用范围只在其所属的窗体或报表内部，随着窗体或报表的打开而开始，随着窗体或报表的关闭而结束。

（2）标准模块。标准模块独立于窗体和报表，可以在应用程序中的任何位置使用标准模块中的代码。它包含与其他对象都无关的常规过程，以及可以从数据库任何位置运行的经常使用的过程。标准模块与窗体和报表这样的类模块的主要区别在于其范围和生命周期不同。

标准模块与类模块之间最重要的差别在于：类模块支持事件，事件响应用户操作并运行包含在事件过程中的 VBA 代码。

8.4.2　过程定义

在 VBA 中，可以将过程分为两类，即事件过程和通用过程。通用过程根据是否返回值又可以分为 Sub 过程和 Function 过程。

1．事件过程

事件通常是指用户对对象操作的结果，如对鼠标响应事件、键盘响应事件、数据的操作、窗口事件等。Access 系统提供了 40 多种的事件支持，如鼠标单击事件、鼠标双击事件等。

事件过程是指当发生某一个事件时，对该事件作出反应的程序段。例如，单击一个按钮时，可以设定单击后的程序动作，是退出程序、执行程序还是计算数据等。事件过程构成了 VBA 过程的主体。

【例 8-51】创建一个按钮控件，当单击该按钮时显示"欢迎使用本系统！"。其体步骤如下。

Step 01　启动 Access 2010，打开"VBA 示例"数据库。

Step 02　单击"创建"选项卡的"窗体"组中的"窗体设计"按钮，进入窗体的设计视图。

Step 03　选择"控件"组中的"按钮"对象后在窗体中单击，在弹出的"命令按钮向导"对话框中选择"取消"按钮，向窗体中添加一个孤立的命令按钮。

Step 04　单击"设计"选项卡中的"属性表"按钮，在弹出"属性表"窗格的"格式"选项卡中为该按钮设置"标题"属性，标题为"确定"，如图 8-58 所示。

Step 05 将"属性表"窗格切换到"事件"选项卡，单击如图 8-59 所示的"单击"事件右侧的省略号按钮，弹出"选择生成器"对话框。

图 8-58　创建"按钮"控件　　　　　　　　　图 8-59　属性表"事件"选项卡

Step 06 选择"选择生成器"对话框中的"代码生成器"选项，单击"确定"按钮，进入 VBA 编辑器。新建了一个"Form_窗体 1"模块，并在"代码"窗口中加入要为此按钮添加的过程 Command0_Click( )，如图 8-60 所示。

Step 07 为该过程添加程序代码：MsgBox（"欢迎使用本系统！"），保存该过程。

Step 08 进入该窗体的"窗体视图"，单击所创建的"确定"按钮，弹出如图 8-61 所示的运行结果。

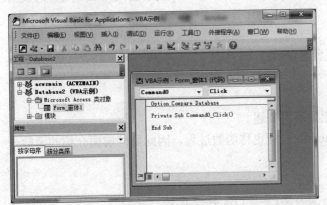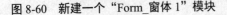 

图 8-60　新建一个"Form_窗体 1"模块　　　　　　图 8-61　运行结果

　　本例为窗体中的按钮控件添加了一个事件过程，在"属性表"窗格的"事件"选项卡中，可以看到 VBA 能够识别多种事件，如图 8-59 中的单击、双击、鼠标移动等。由此可见，给控件添加事件过程的步骤是：先选定一个控件，然后在"属性表"窗格的"事件"选项卡中添加事件。"属性表"窗格的最上面显示的是当前选定的窗体或控件名称，如图 8-59 中创建的按钮名称为"Command0"。创建事件过程时，建立的过程也是用这个名称来命名的，如上例中的事件过程的名称为 Command0_Click( )。

　　事件过程的命名以："控件名称+下划线+事件名称"作为该事件过程的名称。Sub

与 End Sub 之间用户可以根据需要的功能添加代码，如上例中是为了实现当用户单击时能够弹出一个对话框。如果用户希望在单击时关闭打开的窗体，则只需要在 Sub 与 End Sub 之间加入 DoCmd.Close 即可。

2. 通用过程

事件过程是设定的操作只从属于一个控件，那么当有很多的控件或事件，都想设定执行同样的操作时，那么就需要建立一个公共的过程，然后设定各个控件对这个过程进行引用。这个公共过程就是通用过程。

通用过程是指当多个不同的事件需要相同的反应、执行相同的代码时，就可以把这一段代码单独封装起来，供多个事件调用。通用过程又可以分为无返回值的 Sub 过程(子程序过程)和有返回值的 Function 过程(函数过程)。

本书之前除了例 8-50，其余例题中用到的过程均为 Sub 过程。区分事件过程和通用过程只要观察"代码"窗口最上面的状态条，如图 8-62 所示，当显示控件名时，为事件过程；当显示"通用"时为通用过程。

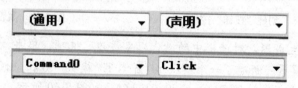

图 8-62 "代码"窗口的状态条

（1）Sub 子程序过程。Sub 过程能够执行一系列的操作或者运算，但是执行后，过程本身不能返回值。如前面讲过的例子中用到的通用过程都属于这类 Sub 子程序过程，都没有执行结果的传递。

Sub 过程的定义格式为：

［Private］［Public］ Sub 过程名(参数)

    语句块

End Sub

因前面的例子都有所涉及，此处不再赘述。

（2）Function 函数过程。Function 过程也称函数过程，因此如同前面介绍的函数一样，将返回一个值。

Function 函数过程的定义格式为：

［Private］［Public］Function 过程名(参数) As 数据类型

    函数语句

    过程名=<表达式>

End Function

> ▶ 注意
>
> "As 数据类型"是返回的函数值的数据类型，返回数据的值是由"过程名=<表达式>决定的。若没有该定义，则 Function 函数将返回一个默认值，数值类型返回 0 值，字符串类型返回空字符串。

8.4.3　过程调用和参数传递

过程由一个发生的事件来自动调用或者由同一模块中的其他过程显式调用。

1．调用过程

Sub 过程和 Function 过程必须在事件过程或其他过程中显式调用，否则过程代码就永远不会被执行。

在调用程序时，执行到调用某过程的语句后，系统会将控制转移到被调用的过程。在被调用的过程中，从第一条 Sub 或 Function 语句开始，依次执行其中的所有语句，当执行到 End Sub 或 End Function 语句后，返回调用程序，并从调用处继续程序的执行。如图 8-63 所示的过程调用关系图中描述了当在主程序中调用过程 A，系统会将控制转到过程 A，从 Sub（或 Function）语句开始依次执行过程中的语句，执行到 End Sub 后，返回到主程序。

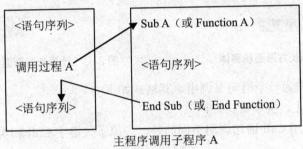

主程序调用子程序 A

图 8-63　过程调用关系图

2．Sub 子过程的调用

（1）用 Call 语句调用 Sub 过程。其格式如下：

call 过程名（实际参数表）

实际参数的个数、类型和顺序应该与被调用过程的形式参数相匹配，有多个参数时，用逗号分隔。如果被调用的过程是一个无参数的过程，则括号可以省略。

【例 8-52】创建一个如图 8-64 所示的窗体，当用户分别输入长和宽的数值后，单击"计算"按钮，计算并显示长方形面积。其具体步骤如下。

Step 01 启动 Access 2010，打开"VBA 示例"数据库。

Step 02 单击"创建"选项卡的"窗体"组中的"窗体设计"按钮，进入窗体的设计视图。设计如图 8-64 所示窗体。

Step 03 打开"计算"按钮（Command0）的单击事件窗口，输入如下代码：

```
Private Sub Command0_Click（）
    Dim s As Long, a As Long, b As Long
    a=Text1.Value
    b=Text2.Value
    s=0
    Call mj（s, a, b）          ' 调用计算面积的过程
```

```
        Text3.Value=s
    End Sub
    Private Sub mj（xy As Long, x As Long, y As Long）
    xy=x*y
    End Sub
```

Step 04 调试并运行程序。当在接收长方形长的文本框（Text1）中输入 5，在接收长方形宽的文本框（Text2）中输入 6，然后单击"计算"按钮，则计算结果 30 显示在接收长方形面积的文本框（Text3）中，如图 8-65 所示。

图 8-64　计算长方形面积窗体	图 8-65　计算长方形面积窗体运行结果

（2）把过程名作为一个语句来调用。其格式如下：

过程名［实参 1［，实参 2…］］

这种调用形式与用 Call 语句调用不同的是，去掉了关键字 Call 和实参列表的括号。

3．参数传递

（1）形参与实参。出现在定义 Sub 子过程或 Function 函数过程参数表中的变量名、数组名称为形式参数，如例 8-52 中的 s，a，b。过程被调用之前，并未为其分配内存，其作用是用来接收被调用时传递给被调用过程的数据。

实际参数是指当调用一个过程时，包含在调用过程中的参数表中的变量、数组等，如例 8-51 中的 xy，x，y。其作用是将它们的数据（数值或地址）传送给 Sub 子过程或 Function 函数过程与其对应的形参变量。实参可以是常量、表达式、变量、数组。

（2）参数传递。参数传递是指在调用一个有参数的过程时，主调过程的实参（调用时已有确定值和内存地址的参数）传递给被调过程的形参。参数传递有两种方式：按地址传递方式或按值传递方式。形参前加"ByRef"关键字或者缺省时是按地址传递；加"ByVal"关键字时是为按值传递。如例 8-52 中当执行 Call mj(s, a, b)时，将把实参 s，a，b 按地址传递的方式传递给形参 xy，x，y。

（3）地址传递。按地址传递参数是把实参变量的地址传给形参，即系统并不分配临时的变量单元给形参，而是形参与实参共用一存储单元。因此，被调过程执行时，形参变量的任一变化，实参也相应改变，即结果回传，实参随形参的改变而改变。

【例 8-53】有如下采用地址传递方式完成过程调用的程序，分析运行结果。

```
Private Sub main（）
    Dim A As Integer, B As Integer
    A = 20
```

```
        B = 30
        Call Change（A, B）
Debug.Print A, B
End Sub
Private Sub Change（ByRef J As Integer, ByRef K As Integer）
        J = J + 5
        K = K * 2
Debug.Print J, K
End Sub
```

运行后在"立即窗口"显示如下结果：

```
J=25          K=60
A=25          B=60
```

程序运行时，将实际参数 A，B 的值传递给形式参数 J，K，此时 J=20，K=30，执行完两条赋值语句后 J=25，K=60。由于采用地址传递方式，结果回传，实参随形参的改变而改变，因此 A 变为 25，B 变为 60。

（4）值传递。按值传递时，系统分配临时的变量单元给形参，系统仅把实参的值复制一份，然后把这个副本再传给形参。被调过程执行时，对形参的任何改变都不会影响实参变量，即结果不回传，实参不随形参的改变而改变。

【例 8-54】有如下采用值传递方式完成过程调用的程序，分析运行结果。

```
Private Sub main（）
        Dim A As Integer, B As Integer
        A = 20
        B = 30
        Call Change（A, B）
Debug.Print A, B
End Sub
Private Sub Change（ByVal J As Integer, ByVal    K As Integer）
        J = J + 5
        K = K * 2
Debug.Print J, K
End Sub
```

运行后在"立即窗口"显示如下结果：

```
J=25          K=60
A=20          B=30
```

程序运行时，将实际参数 A，B 的值传递给形式参数 J，K，此时 J=20，K=30，执行完两条赋值语句后 J=25，K=60。由于采用值传递方式，结果不回传，实参不随形参的改变而改变，因此 A 仍为 20，B 仍为 30。

【例 8-55】有如下采用地址和值传递方式完成过程调用的程序，分析运行结果。

```
Private Sub main（）
        Dim A As Integer, B As Integer
```

```
    A = 20
    B = 30
    Call Change（A，B）
  Debug.Print A, B
  End Sub
  Private Sub Change（ByVal J As Integer, ByRef   K As Integer）
    J = J + 5
    K = K * 2
  Debug.Print J, K
  End Sub
```

运行后在"立即窗口"显示如下结果：

J=25   K=60

A=20   B=60

程序运行时，将实际参数 A，B 的值传递给形式参数 J，K，此时 J=20，K=30，执行完两条赋值语句后 J=25，K=60。由于 A 采用值传递方式，结果不回传，实参不随形参的改变而改变，因此 A 仍为 20；而 B 采用地址传递方式，结果回传，实参随形参的改变而改变，因此 B 为 60。

4．Function 函数过程的调用

调用 Function 过程的方法与调用 VBA 内部函数的方法相同，即在表达式中写出它的名称和相应的实际参数，其语法格式如下：

Function 过程名（ ［实际参数表］ ）

说明：

（1）调用 Function 过程与调用 Sub 过程不同，必须为参数加上括号，即使调用无参函数，括号也不能缺省。

（2）Function 过程使用函数名返回结果，Sub 过程使用参数返回结果。

（3）VBA 允许像调用 Sub 过程一样调用 Function 过程。

【例 8-56】定义一个计算 $S = 1 + 2 + 3 + 4 + \cdots + 100$ 的函数过程。

进入 VBA 编辑器，在"代码"窗口中输入如下代码：

```
Function Add (x As Integer) As Long '函数名为 Add，函数参数为 x，函数返回值类型为长整形
    Dim S As Integer
    Dim I As Integer
    S = 0                                      '变量赋值
    I = 1                                      '变量赋值
    Do While I <= x'循环开始语句
      S = S + I                                '循环体
      I = I + 1
    Loop                                       '循环结束语句
    Add = S                                    '输出计算结果
```

```
End Function
Sub dy（）                          '调用函数的过程
MsgBox　（Add（100））
End Sub
```
运行结果如图 8-66 所示的。

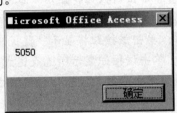

图 8-66　调用函数 Add(100)的结果

8.5　调试 VBA 程序

在 VBA 中，由于在编写代码的过程中会出现各种各样的问题，所以编写的代码很难一次成功。这时就需要一个专用的调试工具，帮助我们快速找到程序中的问题，以便消除代码中的错误。

8.5.1　VBA 的调试环境和工具

VBA 的开发环境中，"调试"菜单、"调试"工具栏、"立即窗口""本地窗口"和"监视窗口"都是专门用来调试 VBA 程序的工具。

1. "调试"工具栏

选择"视图"菜单中的"工具栏"菜单项，在其级联菜单中选择"调试"选项，即可弹出如图 8-67 所示的"调试"工具栏。因"调试"菜单中的选项与"调试"工具栏中按钮提供的功能几乎相同，此处以"调试"工具栏为例介绍其按钮的作用。

图 8-67　"调试"工具栏

➢　**"设计模式"按钮** ：用于打开或者关闭设计模式。
➢　**"运行"按钮** ：若光标在过程中，则单击该按钮运行此过程；若用户窗体处于激活状态，则单击该按钮运行窗作。
➢　**"中断"按钮** ：用来中止程序的执行，并切换到中断模式。
➢　**"重新设置"按钮** ：用来重新设置设计模式。
➢　**"切换断点"按钮** ：单击该按钮在当前行设置或清除断点。所谓断点就是程序中选定的自动停止执行的行。
➢　**"逐语句"执行按钮** ：单击该按钮在"代码"窗口中一次执行一个过程或

一条语句代码。

➢ **"逐过程"执行按钮**：单击该按钮在"代码"窗口中一次执行一个过程或一条语句代码。

➢ **"跳出"按钮**：单击该按钮执当前执行点处过程的其余行。

➢ **"本地窗口"按钮**：单击该按钮将显示"本地窗口"。

➢ **"立即窗口"按钮**：单击该按钮将显示"立即窗口"

➢ **"监视窗口"按钮**：单击该按钮将显示"监视窗口"

➢ **"快速监视"按钮**：单击该按钮显示所选表达式当前值"快速监视"对话框。

➢ **"调用堆栈"按钮**：单击该按钮显示"调用堆栈"对话框。

2．调试窗口

利用"调试"菜单中的命令或"调试"工具栏中的按钮，可以方便地打开"立即窗口""本地窗口"和"监视窗口"，如图 8-68 所示。

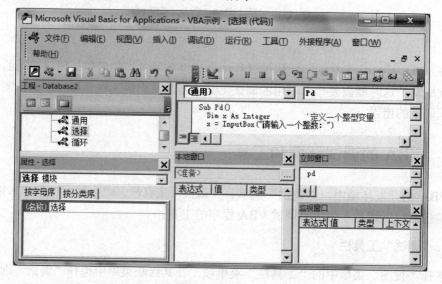

图 8-68 含有调试窗口的 VBA 编程环境

（1）立即窗口。在立即窗口中可以随时输入过程名和过程的参数，按回车键后，系统自动计算结果，可根据该结果判断程序运行状况。

（2）本地窗口。本地窗口用以查看当前过程中的所有变量声明及变量值。

（3）监视窗口。监视窗口可以对调试中的程序变量或表达式的值进行追踪，用于判断逻辑错误。在中断模式下右击"监视窗口"将弹出快捷菜单，选择"编辑监视"或"添加监视"选项，弹出"编辑"对话框，在"表达式"文本框进行监视表达式的修改或添加，选择"删除监视"选项则会删除存在的监视表达式。

通过在"监视窗口"增加监视表达式，程序可以动态了解一些变量或表达式的值的变化情况，进而对代码的正确与否有清楚的判断。

（4）快速监视窗口。在中断模式下，先在程序代码区选定某个变量或表达式，然后单击"快速监视"按钮，打开"快速监视"窗口，从中可以快速观察到该变量或表达式的当前值，达到快速监视的效果。

3．选项设置

在 VBA 编辑窗口中，单击"工具"菜单中的"选项"，弹出如图 8-69 所示的"选项"对话框。在"编辑器"选项卡中可以进行"代码设置""窗口设置"等相关功能的选择设置；在"编辑器格式"选项卡中可以改变对"标准文本""断点文本""注释文本"等代码颜色的设置，如图 8-70 所示；在"通用"选项卡中可以完成对"错误捕获""编译"等选项的设置；在"可连接的"选项卡中可以对代码的连接窗口进行设置。

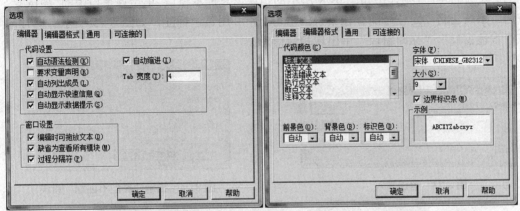

图 8-69　"编辑器"选项卡　　　　　图 8-70　"编辑器格式"选项卡

8.5.2　程序的错误分类

当程序执行代码时，会产生 3 种类型的错误，即编译错误、逻辑错误和运行时错误。了解错误的分类，可以让我们更加清楚程序调试的过程。

1．编译错误

该错误的产生一般是由各种语法引起的，如缺少配对、输入错误、标点丢失、子过程未定义或是不适当地使用某些关键字等。

当进行编译时，系统对于这种错误会自动显示提示对话框，如图 8-71 和图 8-72 所示。单击"确定"按钮以后，系统会自动将光标定位在程序错误的过程或语句中，并以黄色显示，提示用户进行更正。

图 8-71　编译错误之"对象、方法无效"

图 8-72　编译错误之"子过程或函数未定义"

2．逻辑错误

逻辑错误是指应用程序运行时没有出现语法错误，但是因没有按照既定的设计执行，生成了无效的结果。这种错误不提示任何信息，一般是由于程序中错误的逻辑设计引起的。如 Do-Loop 循环中没有改变循环条件的语句。

3．运行时错误

运行时错误是程序在运行过程中发生的错误，程序在一般状态下运行正常，但是遇到非法数据时会发生错误。

例如，在编写判断一个数是不是正数时，当输入的不是一个整数，而是如图 8-73 所示的一个字符串时，则弹出如图 8-74 所示的错误信息提示窗口。单击该窗口中的"调试"按钮，系统会自动定位可能存在错误的语句上，并用黄色标注，如图 8-75 所示。同时，在"本地窗口""立即窗口"中出现相应信息。

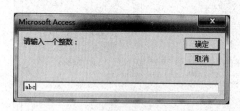

图 8-73　错误输入

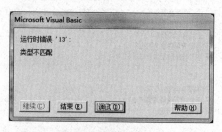

图 8-74　提示"类型不匹配"错误

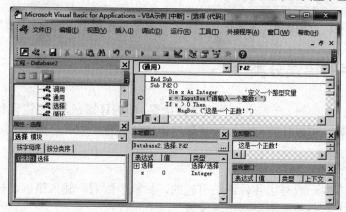

图 8-75　错误语句标注

其他一些非法操作也会发生运行时错误，比如分母为 0、向不存在的文件中写入数据等。

8.5.3　VBA 程序的调试

调试 VBA 程序，最主要的两个步骤是"断点调试"和"逐语句调试"。断点就是在过程的某个特定语句上设置一个位置点中断程序的执行。逐语句调试就是每次运行一步，以检查每一语句的正确与否。

1．断点调试

设置和使用断点是程序调试的重要手段。一个程序中可以设置多个断点。在设置断点前，应该先选择断点所在的语句行，然后设置断点。在 VBA 环境里，设置好的断点行以相应颜色的亮条显示。设置和取消断点有如下方法。

（1）单击"调试"工具栏中的"切换断点"按钮，可以设置和取消断点。

（2）执行"调试"菜单中的"切换断点"命令，可以设置和取消断点。

（3）按【F9】键，可以设置和取消断点。

（4）用鼠标单击行的左端，可以设置和取消断点。

【例 8-57】为例 8-38 的程序设置断点调试。其具体步骤如下。

Step 01 启动 Access 2010，打开"VBA 示例"数据库。

Step 02 打开要设置断点的"代码"窗口，将光标定位到窗口中一个执行语句或者赋值语句的位置，单击"调试"工具栏中的"切换断点"按钮设置断点，如图 8-76 所示。可以看到在"代码"窗口中出现了断点设置效果，即断点语句着色，这里设置了两处断点。

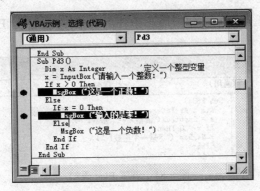

图 8-76　断点设置

Step 03 运行该过程，会发现该程序会执行，但只能执行到设置断点之前的语句。如输入 5，则被第一个断点中断，没有执行结果的显示；若输入 0，则被第二个断点中断，没有执行结果的显示；若输入-2，则因不满足条件而跳过了两个断点语句，输出"这是一个负数！"。

2．逐语句调试

逐语句调试可以逐句的检查程序的每步状态，检查每一语句的执行结果等。

【例 8-58】为例 8-38 的程序设置逐语句调试。其具体步骤如下。

Step 01 启动 Access 2010，打开"VBA 示例"数据库。

Step 02 打开要设置断点的"代码"窗口，将光标定位到要调试过程中的任意位置，单击"调试"工具栏中的"逐语句"按钮，可见过程名着色显示，如图 8-77 所示。

Step 03 再次单击"逐语句"按钮，过程跳过声明语句，运行到"x=InputBox（"请输入一个整数："）"语句，如图 8-78 所示。

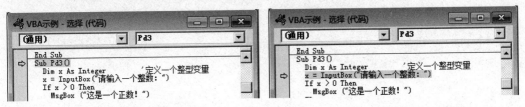

图 8-77　过程名着色显示　　　　　　图 8-78　调试 InputBox 语句

Step 04 再次单击"逐语句"按钮，执行"x=InputBox（"请输入一个整数："）"语句，输入数字"-5"，如图 8-79 所示。

Step 05 单击"确定"按钮，执行"If x>0 Then"语句，如图 8-80 所示。

图 8-79 输入数据"-5"   图 8-80 调试 If x>0 语句

Step 06 再次单击"逐语句"按钮，因此条件不满足，则执行"Else"语句，如图 8-81 所示。

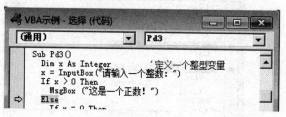

图 8-81 调试 Else 语句

Step 07 依此类推，逐步单击"逐语句"按钮，最终得到相应的输出结果"这是一个负数！"。

在实际的程序开发中，程序的调试往往要占到整个开发过程的一半以上时间，开发团队中也有专门的调试工程师，因此在程序开发过程中，程序的调试是相当重要的。

第 9 章　SharePoint 网站

本章导读

　　SharePoint 技术是微软公司推出的、以提高企业或团队工作效率为目标的一种新技术。它是企业实现知识共享和文档协作的一种工具，可实现企业内部的资源共享与管理，如同电话作为通信工具、会议作为决策工具一样。

本章知识点

- ➤ SharePoint 的基本概念和基本应用
- ➤ 如何利用 SharePoint 网站
- ➤ 数据的发布
- ➤ 数据的迁移
- ➤ SharePoint 列表的导入
- ➤ 导出 Access 数据到 SharePoint

重点与难点

- ➲ Access 2010 与 SharePoint 协同工作的方式
- ➲ SharePoint 的应用
- ➲ 导入导出网站数据

9.1　SharePoint 网站基本知识

　　Access 2010 停止了对数据访问页的支持，转而大大增强了网络协同开发与共享功能。通过将 Access 2010 和 Microsoft Windows SharePoint Services 3.0 结合使用，用户可以利用多种方法共享和管理数据。在使用 Access 的数据输入和分析功能的同时，还可以从 SharePoint 网站的协作功能中获益。

　　SharePoint 站点将文件存储提升到了一个新的高度，从存储文件到共享信息。这些站点可以为团队协作提供社区，使用户能够在文档、任务、联系人、事件及其他信息上开展协作。

9.1.1 SharePoint 网站的用途

SharePoint 网站为文档、任务、联系人、事件及其他信息提供了一个集中的存储和协作空间。SharePoint 网站是一种协作工具，可以帮助小组成员（无论是工作组还是社团）共享信息并协同工作。SharePoint 网站可帮助实现以下目标。

（1）协调项目、日历和日程安排。

（2）讨论想法、审阅文档或提案。

（3）共享信息并与他人保持联系。

SharePoint 网站是动态和交互的。网站成员可以提出自己的想法和意见，也可以针对他人的想法和意见发表评论或建议。文档或声明的发布无需经历复杂的网站发布过程。

一个大型企业内部往往有着各种类型的办公系统，这时，企业内部文档的传送、知识的共享等，将占用大量的时间，占用企业宝贵的资源。而 SharePoint 正是基于解决这一问题而提出的系统解决方案。

9.1.2 SharePoint 网站的内容

默认情况下，SharePoint 网站包含一个默认的主页，其中包含的空间可以用来突出显示小组的重要信息，主页还包含一些用于存储文档、想法和信息的预定义页面，以便可以立即开展工作。SharePoint 网站由主页、列表、库、Web 部件和视图组成，网站还包含导航元素，可以帮助用户快速地定位和浏览。

1. 主页

当进入 SharePoint 网站时，呈现的是主页，主页如图 9-1 所示。主页用来突出显示小组的重要信息，它包含了"快速启动栏"以及"公告""活动"和"链接"列表视图，还包含了工作组网站的名称和说明。

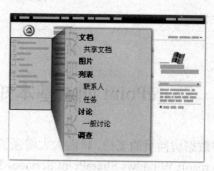

图 9-1 主页组成

（1）快速启动栏。当用户在网站中添加页面时，都可以选择在 SharePoint 网站的"快速启动栏"启动相应的功能。

（2）公告。"公告"列表是向整个工作组公布重要信息的地方，比如，宣布即将举行的专题会议，或提醒大家明天聚会的时间等。默认情况下，主页上会显示【公告】列表中最新的 5 个公告。您还可以单击【公告】列表的标题展开公告的完整列表。

（3）活动。"活动"列表用于交流工作组的活动信息。无论是会议、重要的截止日期还是工作日程，均属此类。创建 SharePoint 网站时，此列表是空的，用户可以在列表中添加工作组活动。

（4）链接。"链接"列表用于收纳指向工作组常用网页或网站（如本公司的 Internet 网站）的超链接。创建网站时，此列表是空的。

除了显示在主页上的"公告""活动"和"链接"列表外，还可以在网站中随意加入以下标准列表：

（5）文档库。"文档库"为工作组文档提供集中的存储和共享空间，网站包含一个默认文档库即共享文档，可从主页上的"快速启动栏"访问该文档库。可以创建其他文档库，存储特定项目的文档，还可在"共享文档"内为不同类型或类别的文档创建文件夹。

（6）图片库。"图片库"提供集中的空间来存储和共享图片。和文档库的概念类似，但提供了查看图片的特殊方式（如仅显示缩略图或以放映幻灯片的形式显示所有图片）。

（7）联系人。"联系人"列表可存储和共享联系人信息。例如，可以使用此列表共享工作组成员的电话、Email 或存储客户信息。

（8）任务。"任务"列表可帮助管理工作组任务（工作组需要完成的工作事项），指定任务的状态、优先级和截止日期。

（9）问题。"问题"列表可帮助您管理一组问题和疑难，指定问题的状态、优先级和截止日期。

2．网站导航

SharePoint 网站中每页都会显示顶部链接栏，如图 9-2 所示。顶部链接栏包含指向网站中特定页面的超链接，可以帮助在网站中导航、自定义和管理网站，或在网站使用方面获得帮助。

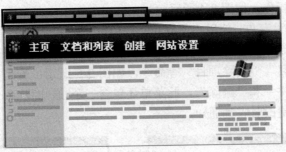

图 9-2　顶部链接栏

（1）主页。指向主页。

（2）文档和列表。"文档和列表"超链接所指向的页面显示了网站中现有的全部图片库、列表、讨论板和调查。可以使用该页面导航到网站中的列表和文档库，也可以使用该页面上的链接查看网站下的所有网站、文档工作区网站或会议工作区网站。

（3）创建。在"创建"超链接所链接的页面上可以为网站创建新的页面和组件。通过使用此页面，可以为网站创建一些项目，如与任意内置列表相类似的列表、基于现有电子表格的列表、文档库、讨论板、调查或新的页面。

（4）网站设置。在"网站设置"超链接所链接的页面上可以更改个人信息、更改 SharePoint 网站的名称和描述、更改网站内容并执行网站管理任务（如更改个人设置，或为 SharePoint 网站设置新的工作组成员）。只有"管理员"网站组的成员才能执行网站管理任务。

（5）帮助。"帮助"超链接可打开一个新的浏览器窗口，其中提供了 Windows SharePoint Services 的"帮助"系统。使用"帮助"窗口可查看有关 Windows SharePoint Services 的信息和使用 SharePoint 网站的操作步骤。

（6）向上至网站名称。SharePoint 网站的层次结构中可能会包含其他 SharePoint 网站（称为子网站）。仅当网站是另一个 SharePoint 网站的子网站时，才会显示"向上至网站名称"超链接（其中网站名称是实际网站的名称）。此链接可帮助导航至上一层父级网站。

3．查看网站内容

SharePoint 网站中的页面显示工作组的数据。网站的大多数页面都是数据列表（如"公告"或"活动"列表）。在这些列表页面上，数据以行和列的形式显示，顶部有一系列命令和视图选项可供选择。

（1）工具栏。列表工具栏提供的超链接指向包含表单的页面，该表单用于在列表、文档库或讨论板中添加和编辑项目，如图 9-3 所示。

新建项目 ｜ 筛选 ｜ 在数据表中编辑

图 9-3　工具栏

（2）选择视图。默认的数据视图可通过超链接进入页面，如单击"快速启动栏"上的"任务"时自动显示视图，可以在【选择视图】列表中单击视图名称来查看其他视图。

（3）操作。"操作"列表中包含的链接可用于修改列表设置、创建通知（列表更改时的通知）及其他操作，如图 9-4 所示。

（4）项目和文件菜单。使用"项目和文件菜单"可快速访问常用的命令。这些菜单上显示的内容不固定，具体取决于查看的是列表还是文档库。若是列表，则会显示"查看项目""编辑项目""删除项目"等命令，如图 9-5 所示；若是文档库，则显示"查看属性""编辑属性"和"删除"。此菜单还包含一个"通知我"命令，可用该命令申请在文档或项目发生更改时收到通知。

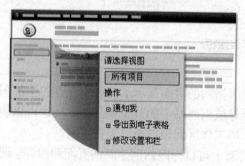

图 9-4　"操作"列表

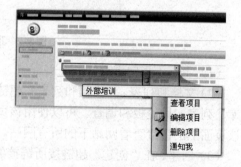

图 9-5　"查看"列表

9.2　使用 SharePoint 共享数据库

使用 Access 2010 时，可以用多种不同的方式从 SharePoint 网站中共享、管理和更新数据。

9.2.1　迁移 Access 数据库

进行数据迁移操作，用户将在 SharePoint 网站上创建列表，这些列表象数据库中的表那样进行链接。用户可利用【迁移到 SharePoint 网站向导】将表中的数据迁移到网站。

"将表导出至 SharePoint 向导" 将基于 SharePoint 网站上的列表模板（如 "联系人" 列表）把数据迁移到列表。如果表无法与列表模板相匹配，则该表将成为 SharePoint 网站上数据表视图中的自定义列表。根据数据库的大小、其对象的数量及系统性能，该操作可能要花费一些时间。如果在该过程中改变了主意，则可以单击 "停止" 按钮将其取消。

【例 9-1】使用 "将表导出至 SharePoint 向导" 迁移数据。其具体操作步骤如下。

Step 01 打开想要迁移数据的数据库文件。

Step 02 在 "数据库工具" 选项卡上的 "移动数据" 组中，单击如图 9-6 所示的 "SharePoint" 按钮。

图 9-6　"移动数据" 组

Step 03 系统启动 "将表导出至 SharePoint 向导"，按照向导中的步骤操作，包括指定 SharePoint 网站的位置、用户名和密码等信息。若要取消该过程，可单击 "停止" 按钮。

Step 04 在该向导的最后一页上，选中 "显示详细信息" 复选框以查看有关迁移的更多详细信息。此向导页介绍已链接到列表的表并提供有关数据库的备份位置和 URL 的信息。

Step 05 当该向导完成其操作时，单击 "完成"。

9.2.2　查看 SharePoint 网站上的列表

若要查看 SharePoint 网站上的列表，单击 "快速启动" 上的 "列表" 按钮，或单击 "查看所有网站内容" 选项。可能需要在 Web 浏览器中刷新该页。若要使列表出现在 SharePoint 网站上的 "快速启动" 中，后者更改其他设置，则可以在 SharePoint 网站上更改列表设置。有关详细信息，请参阅 SharePoint 网站上的帮助。

9.2.3 发布 Access 数据库

将 Access2010 数据库发布到 Microsoft Windows Sharepoint Services3.0 网站之后，组织中的其他成员就可以使用该数据库了。

有两种方法可使用发布的数据库，。如果您是数据库设计者，则可以生成使用 Sharepoint 网站中数据的查询、窗体和报表，如果是数据库用户，可以使用 Access 输入、查看和分析 SharePoint 网站中的数据。

【例 9-2】将 Access 数据库发布到 SharePoint 网站。其具体操作步骤如下。

Step 01 打开要发布的 Access 数据库文件。

Step 02 选择"文件"选项卡，单击"保存并发布"选项，在发布区域中单击"发布到 Access Services"按钮，如图 9-7 所示。

Step 03 在图 9-7 的右下角的"发布到 Access Services"区域内填写服务器的 URL 和网站名称，填写完成后，左侧的"发布到 Access Services"按钮变为可用状态，单击该按钮即可。

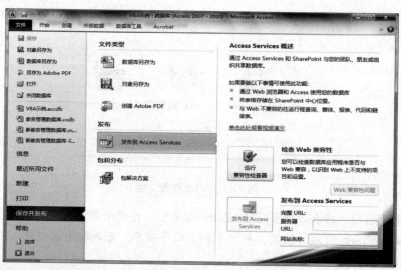

图 9-7 数据库发布窗口

> ▶ 注意
>
> 只有在数据库文件是以 Access 2010 格式保存的情况下，才能将数据库发布到 SharePoint 2010 网站。

在对数据库的数据或设计进行了更改之后，应该将其重新发布到 SharePoint 网站。在重新发布数据库时，Access 已经记住了位置，因此无需再次定位到该位置。

【例 9-3】将 Access 数据库重新发布到 SharePoint 网站。其具体操作步骤如下。

Step 01 当打开已发布到 SharePoint 库的数据库进行编辑时，在数据库数据显示窗口的顶部将出现一个带有"发布到 SharePoint 网站"按钮的消息栏。

Step 02 在消息栏上单击"发布到 SharePoint 网站"按钮。

Step 03 在"发布到 Web 服务器"对话框中，确认显示的库就是用户要重新发布到的位置，单击"发布"。

Step 04 在提示是否替换网站上的数据库副本时，单击"是"按钮即可。重新将 Access 数据发布到 SharePoint 网站后，SharePoint 网站上显示的就是更新后的数据了。

9.3　脱机使用链接

用户可使用 Access 2010 脱机处理功能链接到 Microsoft Windows SharePoint Services 3.0 网站上列表的数据。这项功能很有用，如在服务器不可用时继续进行工作。

在脱机使用 SharePoint 网站中的数据之前，必须首先创建 Access 表和 SharePoint 列表之间的链接，然后可以使用 Access 使列表脱机以对其进行更新或分析。当重新连接时，可同步数据，以使数据库和列表得到更新。如果数据库中含有查询和报表，则可以使用它们来分析数据，如可使用 Access 中的报表来汇总数据。

如果在脱机时更新了数据，则可以在再次连接到服务器时在服务器上更新相应的更改。如果发生冲突(如假设其他人更新了服务器上的同一条记录或者此人同时也在脱机工作)，则可以在同步时解决冲突。

用户可使用多种方法将 Access 表链接到列表，利如可将数据库迁移到 SharePoint 网站，这样做也会将数据库中的表链接到网站上的列表；或者可以在 SharePoint 网站上将数据从数据表视图中的列表导出到 Access 表中。

9.3.1　使 SharePoint 列表数据脱机

若要使数据脱机，首先必须将 Access 表链接到 SharePoint 列表，然后打开已链接到 SharePoint 列表的数据库，在"外部数据"选项卡上的"SharePoint 列表"组中，单击"脱机工作"按钮，即可实现脱机。

如果"脱机工作"按钮不可用，则表示可能未链接到 SharePoint 列表，或者列表数据已经脱机。

9.3.2　脱机后工作

将数据库与 SharePoint 网站脱机以后，用户就可以单机进行 Access 2010 数据库的操作了。当操作完成以后，还要用当前本地的数据更新 SharePoint 网站上的数据。更新网站数据的方法主要有以下几种。

1．进行联机工作

进行联机工作是用本地数据库数据更新网站数据库的一种方式。

【例 9-4】用本地数据库数据更新网站数据库。其具体操作步骤如下。

Step 01 打开要链接到 SharePoint 列表的数据库文件。

Step 02 在"外部数据"选项卡上的"Web 链接列表"组中单击"联机工作"按钮。这样，即可用本地数据库文件更新网站数据库文件。

2．进行数据同步

将数据库中的数据和网站的数据进行同步是更新数据的另一种方式。

【例 9-5】将数据库中的数据和网站的数据进行同步。其具体操作步骤如下。

Step 01 打开要链接到 SharePoint 列表的数据库文件。

Step 02 在"外部数据"选项卡上的"Web 链接列表"组中单击"同步"按钮。这样，即可用数据库中的数据与网站的数据进行同步。

9.4　导入导出网站数据

利用 SharePoint 网站上的列表数据创建 Access 数据库表，或将本地 Access 数据库中的表转移到 SharePoint 网站中，可实现 Access 数据库与 SharePoint 网站协同工作。

9.4.1　导入/链接到 SharePoint 列表

导入 SharePoint 列表操作将在 Access 数据库中创建该列表的副本。在执行导入操作的过程中，用户可以指定要复制的列表，对于每个选定列表还可以指定是要导入整个列表还是只导入特定视图。

导入操作将在 Access 中创建一个表，然后将 SharePoint 列表中的列和项目作为数据表的字段和记录，从源列表复制到该表中。

在导入操作结束时，可以选择保存导入信息，即将导入操作保存为导入规格。导入规格可帮助日后重复该导入操作，而不必每次都运行导入向导。

【例 9-6】将 SharePoint 列表导入数据库。其具体操作步骤如下。

Step 01 查找包含要复制的列表的 SharePoint 网站，并记下该网站的地址。

注：有效的 SharePoint 网站地址应当以 http://开头，后面跟服务器的名称，并以服务器上特定网站规定的路径结尾。例如：一个有效的地址：http://adatum/AnalysisTeam

Step 02 识别要复制到数据库的列表，然后决定要复制整个列表还是只复制特定视图。可以在一个导入操作中导入多个列表，但是只能导入每个列表的一个视图。

Step 03 打开数据库，打开要导入列表的目标数据库。

Step 04 在"外部数据"选项卡下的"导入并链接"组中，单击"其他"旁的下拉按钮，选择"SharePoint 列表"选项，如图 9-8 所示。

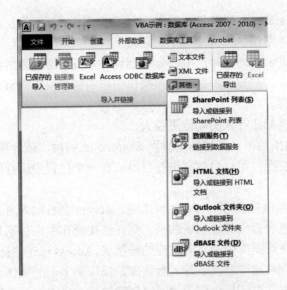

图 9-8　"导入并链接"组中的"其他"下拉菜单

Step 05 弹出如图 9-9 所示的"获取外部数据-SharePoint 网站"向导对话框，在该向导对话框中输入指定源网站的地址。选中"将源数据导入当前数据库的新表中"单选按钮，单击"下一步"按钮。

Step 06 向导将显示可用于导入数据库的列表，选择要导入的列表。

Step 07 在"要导入的项目"列中，为每个选定的列表选择所需的视图。选择"所有元素"视图可以导入整个列表。

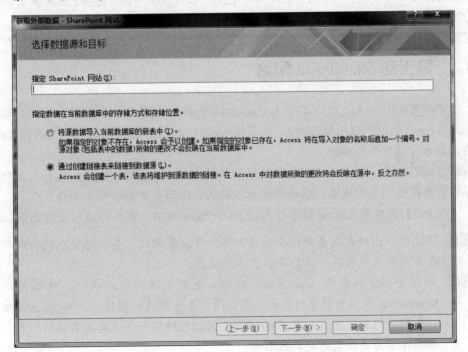

图 9-9　"获取外部数据-SharePoint 网站"向导对话框

如果不想将 SharePoint 列表复制到 Access 数据库中，而只是想基于该列表的内容运行查询和生成报表，则应执行链接而不是导入。

当链接到 SharePoint 列表时，Access 将创建一个反映源列表的结构和内容的新表，该表通常称为链接表。与导入不同，链接操作创建的链接只指向该列表，而不是指向该列表的任何特定视图。

在以下两方面链接比导入的功能更强大。

（1）添加和更新数据。通过浏览找到 SharePoint 网站，或者通过在 Access 内使用数据表视图或窗体视图，可以对数据进行更改。在一个位置中进行的更改会在另一位置中反映出来。

（2）查阅表。当链接到 SharePoint 列表时，Access 会自动为所有查阅列表创建链接表。如果查阅列表包含查阅其他列表的列，则在链接操作中也包括那些列表，以便每个链接表的查阅列表在数据库中都具有对应的链接表。Access 在这些链接表之间创建关系。

将 SharePoint 列表通过链接表导入数据库的操作和上面的操作比较类似，只要在弹出的"获取外部数据"对话框中选中"通过创建链接表来链接到数据源"单选按钮，然后单击"下一步"按钮，在显示的可用于链接的列表中选择要链接到的列表，然后单击"确定"按钮，完成导入。

> ▶ 注意
>
> 每次打开链接表或源列表时，都会看到其中显示了最新数据。但是，在链接表中不会自动反映对列表进行的结构更改。要通过应用最新的列表结构来更新链接表，可右击导航窗格中的表，在弹出的快捷菜单中选择"SharePoint 列表"选项，然后单击"刷新列表"按钮。

9.4.2 导出到 SharePoint 网站

如果需要临时或永久地将某些 Access 2010 数据移动到 SharePoint 网站，则应将这些数据从 Access 数据库导出到该网站。当导出数据时，Access 会创建所选表或查询的副本，并将该副本存储为一个列表。

将表或查询导出到 SharePoint 网站最简单的方式是运行导出向导。运行此向导后，可以将设置保存为导出规格，然后无须再次输入，即可重复运行导出操作。

【例 9-7】将本地 Access 数据导出到 SharePoint 网站。其具体操作步骤如下。

Step01 找到待导出的表或查询所在的数据库。导出查询时，查询结果中的行和列会被导出为列表项和列。不能导出窗体或报表。

Step02 找出要创建列表的 SharePoint 网站，并记下该网站的地址。确保用户有在 SharePoint 网站上创建列表的必要权限。导出操作将创建一个与 Access 中的源对象同名的新列表。如果 SharePoint 网站已经有一个使用该名称的列表，系统会提示您为新列表指定其他名称。

Step03 打开数据库，打开要导出表或查询的源数据库。

Step 04 在"外部数据"选项卡上的"导出"组中，单击"其他"按钮旁的下拉按钮，选择"SharePoint 列表"选项，如图 9-10 所示。

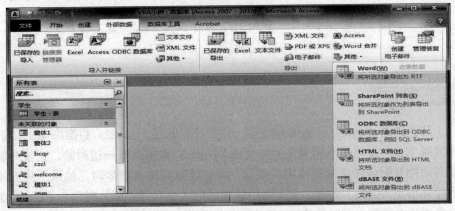

图 9-10　"导出"组中的"其他"下拉菜单

Step 05 在弹出的如图 9-11 所示的"导出—SharePoint 网站"对话框中，在"指定 SharePoint 网站"文本框中，输入目标网站的地址；在"指定新列表的名称"文本框中，输入新列表的名称；还可以选择在"说明"文本框中输入新列表说明，然后选中"完成后打开列表"复选框。如果数据库中的源对象与 SharePoint 网站上已有的列表名称相同，最好指定其他名称，否则系统会在新列表名称后面附加一个数字，作为新列表的名称。

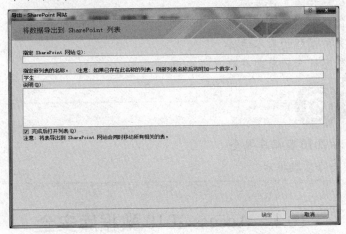

图 9-11　"导出-SharePoint 网站"对话框

Step 06 单击"确定"按钮，启动导出过程。

在操作过程中，Windows SharePoint Services 还会根据对应的源字段为每列选择正确的数据类型。

第 10 章　数据的安全与管理

本章导读

　　若要理解 Access 安全体系结构，需要注意的是，Access 数据库与 Excel 工作簿或 Word 文档是不同意义上的文件。Access 数据库是一组对象，这些对象通常必须相互配合才能发挥作用。例如，当创建数据输入窗体时，如果不将窗体中的控件绑定（链接）到表，就无法用该窗体输入或存储数据。有几个 Access 组件会造成安全风险，如动作查询、宏与 VBA 代码，因此不受信任的数据库中将禁用这些组件。

本章知识点

➢　理解 Access 2010 系统的安全管理
➢　掌握拆分、备份及恢复数据库等操作
➢　掌握压缩和修复数据库
➢　掌握信任中心的原理和操作
➢　掌握关系模型的基本运算
➢　理解数字签名的原理并能实际应用

重点与难点

➟　Access 2010 数据库安全
➟　压缩与修复数据库

10.1　Access 2010 数据库安全

　　Access 2010 提供了经过改进的安全模型，该模型有助于简化安全使用数据库的过程。在 Access 2010 中有以下新增的安全功能：

　　（1）新的加密技术，Access 2010 提供了新的加密技术，它比 Access 2007 提供的加密技术更加强大。

　　（2）对第三方加密产品的支持，在 Access 2010 中用户可以根据自己的意愿使用第三方加密技术。

　　为了确保数据的安全，每当打开数据库时，Access 2010 和信任中心都将执行一组安全检查。

（1）在打开.accdb 或.accde 文件时，Access 2010 会将数据库的位置提交到信任中心。如果信任中心确定该位置受信任，则数据库将以完整功能运行。

（2）如果信任中心禁用数据库内容，则在打开数据库时将出现提示消息栏。

10.1.1 创建数据库访问密码

当想要防止未经授权而使用 Access 数据库时，可以考虑通过设置密码来加密数据库。加密工具使其他工具无法读取数据库中的数据，并会设置使用数据库必需的密码。数据库创建密码的过程如下。

Step 01 打开 Access 2010 数据库。

Step 02 选择"文件"标签下的"信息"选项，在图 10-1 右侧窗格单击"设置数据库密码"按钮，弹出如图 10-2 所示的"设置数据库密码"对话框。

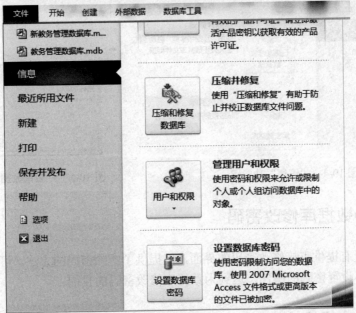

图 10-1 "信息"功能组

Step 03 在"密码"文本框中输入密码，在"验证"文本框中再次输入密码，然后单击"确定"按钮即可。

以后打开此数据库时，都会弹出如图 10-3 所示的"要求输入密码"对话框，输入正确的密码后才能访问该数据库。

图 10-2 "设置数据库密码"对话框

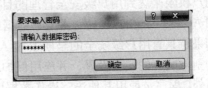

图 10-3 "要求输入密码"对话框

10.1.2　为数据库取消密码保护

取消密码保护是为数据库加密的逆操作。其操作过程如下。

Step 01 以独占方式打开 Access 2010 数据库。

Step 02 选择"文件"标签下的"信息"选项，在右侧窗格单击"解密数据库"选项，如图 10-4 所示。

Step 03 弹出如图 10-5 所示的"撤消数据库密码"对话框，要输入正确的以前设的密码，数据库的密码就被去除。

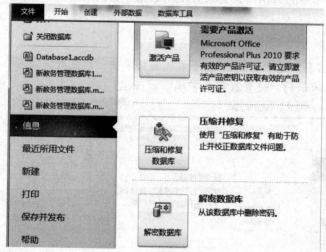

图 10-4　"信息"功能组

图 10-5　"撤销数据库密码"对话框

10.1.3　为数据库修改密码

Access 没有提供直接修改密码的界面，但提供了解除密码的方法。可以通过先取消密码，然后再设置密码的操作，达到为数据库修改密码的目的。

10.1.4　用户级安全

用户级安全模式是操作系统、数据库系统等常用的一种安全模式，它能够控制不同的用户可以访问的数据，以及规定不同的用户对数据库采取的行为。在旧版的 Access 中，可以实现这种模式进行安全操作，但 Access 2010 新的文件格式（.accdb、.accde、.accdc、.accdr）创建的数据库不提供用户级安全，而是直接用操作系统的用户权限来达到用户级安全管理的目的。但是，如果在 Access 2010 中打开由早期版本的 Access 创建的数据库，并且该数据库应用了用户级安全，那么这些设置仍然有效。

如果将具有用户级安全的早期版本 Access 数据库转换为新的文件格式，则 Access 将自动剔除所有的安全设置，并应用保护 .accdb 或 .accde 文件的规则。

另外，程序员使用其他语言操作数据库时，仍然可以用如开放数据库互连（ODBC）

一类的方式连接 Access 新的文件格式（.accdb、.accde、.accdc、.accdr）创建的数据库，这时 ODBC 需要的用户名可以任意输入，只要数据库保护密码正确就能通过操作验证。

在打开具有新文件格式的数据库时，所有用户始终可以看到所有数据库对象。

10.1.5　拆分数据库

如果数据库由多位用户通过网络共享，则应考虑对其进行拆分。拆分共享数据库不仅有助于提高数据库的性能，还能降低数据库文件损坏的风险。

拆分数据库后，可能会决定移动后端数据库或使用其他后端数据库。可以使用链接表管理器来更改所使用的后端数据库。

拆分数据库时，数据库将被重新组织成两个文件：后端数据库和前端数据库。后端数据库包括各个模拟运算表，前端数据库则包含查询、窗体和报表等所有其他数据库对象。每个用户都使用前端数据库的本地副本进行数据交互。要拆分数据库，可使用数据库拆分器向导。拆分数据库后，必须将前端数据库分发给各个用户。

1．拆分数据库的优点

（1）提高性能。因为网络上传输的将仅仅是数据。

（2）提高可用性。由于只有数据在网络上传输，由此可以迅速完成记录编辑等数据库事务，从而提高了数据的可编辑性。

（3）增强安全性。如果将后端数据库存储在使用 NTFS 文件系统的计算机上，则可以使用 NTFS 安全功能来帮助保护数据。由于用户使用了链接表访问后端数据库，因此入侵者不太可能通过盗取前端数据库或佯装授权用户对数据库进行未经授权的访问。

（4）提高可靠性。如果用户遇到问题且数据库意外关闭，则数据库文件损坏范围通常仅限于该用户打开的前端数据库副本。因此后端数据库不容易损坏，即数据相对更安全。

（5）开发环境灵活。由于每个用户分别处理前端数据库的一个本地副本，因此他们可以独立开发查询、窗体、报表及其他数据库对象，而不会相互影响。

2．拆分数据库前要做的工作

（1）拆分数据库前，始终都应先备份数据库。这样，如果在拆分数据库后决定撤销该操作，则可以使用备份副本还原原始数据库。

（2）拆分数据库可能需要很长时间，在多用户使用的情况下，拆分数据库时，应该通知用户不要使用该数据库。如果在拆分数据库时用户更改了数据，其所做的更改将不会反映在后端数据库中。

（3）虽然拆分数据库是一种共享数据的途径，但数据库的每个用户都必须具有与后端数据库文件格式兼容的 Microsoft Office Access 版本。如果后端数据库文件使用.accdb 文件格式，则使用 Access 2003 的用户将无法访问它的数据。

（4）如果使用了不再支持的功能，则可能需要让后端数据库使用早期的 Access 文件格式。如果使用了数据访问页（DAP），则可以在后端数据库使用支持 DAP 的早期文件格式时继续使用数据访问页。随后，可以让前端数据库采用新的文件格式，以便用户可以体验到新格式的优点。要注意，使用 Access 2010 不能在数据访问页中更改数据。

3．拆分数据库的具体操作

在计算机上，为要拆分的数据库创建一个副本，应在本地硬盘驱动器而不是网络共享文件夹中处理数据库文件。如果数据库文件的当前共享位置是本地硬盘驱动器，则可以将其保留在原来的位置。

【例 10-1】拆分"新教务管理数据库"。其具体操作步骤如下。

Step 01 备份"新教务管理数据库"到 D 盘的根目录下。

Step 02 打开"新教务管理数据库"，在"数据库工具"/"移动数据"组中单击"Access 数据库"选项，随即将启动"数据库拆分器"向导，如图 10-6 所示。

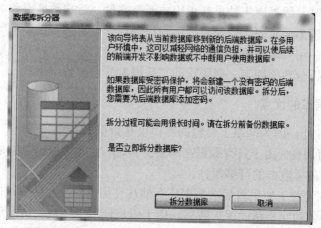

图 10-6　"数据库拆分器"向导

Step 03 单击"拆分数据库"按钮，弹出如图 10-7 所示的"创建后端数据库"对话框。在此对话框中指定后端数据库文件的名称和类型，单击"拆分"按钮，系统开始拆分数据库。

图 10-7　"创建后端数据库"对话框

Access 默认的名称保留了原始文件名，并在文件扩展名之前插入了_be，用以指示该数据库为后端数据库，一般情况下，这样的文件名不必再更改。当然，也可在"文件名"文本框中输入网络位置的路径，但所选择的位置必须能让数据库的每个用户访问到。由于驱动器映射可能不同，因此应使用指定位置的 UNC 路径，而不同使用映射的驱动器号。

数据拆分完毕后，前端数据库虽然文件名没有改变，但内容已经改变了，不再是开始时处理的那个文件，后端数据库则位于在指定的网络地址。

在本例中，可以看到，原文件被一分为二，新生成的"新教务管理数据库_be.accdb"中只包括数据，而原来的"新教务管理数据库.accdb"中，数据都变成了指向"新教务管理数据库_be.accdb"中数据的快捷方式，不再有自己的数据，如图 10-8 所示。

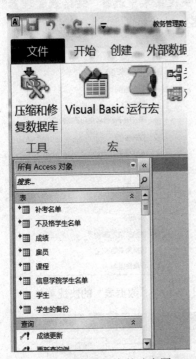

（a）前端数据库的改变图　　　　　　　　（b）后端数据库的改变

图 10-8　数据库的改变

4．限制对前端数据库的设计进行更改

要限制对分发的前端数据库进行更改，可考虑将其另存为二进制编译文件。在 Access 2010 中，二进制编译文件是在保存时对所有的 VBA 代码进行了编译的数据库应用程序文件。在 Access 二进制编译文件中不存在 VBA 源代码，用户无法在文件中更改对象的设计。

【例 10-3】将"新教务管理数据库"转换成二进制编译文件。其具体操作步骤如下。

Step 01 打开要转换的前端数据库源文件"新教务管理数据库"。

Step 02 在"文件"/"保存并发布"组中，单击"数据另存为"选项，选择"高级"分项下的"生成 ACCDE"，如图 10-9 所示。

Step 03 在弹出的"另存为"对话框中，转至新文件要保存的文件夹，在"文件名"框中为该文件键入一个名称，如"新教务管理数据库"，然后点击"保存"按钮。

拆分数据库后，应将前端数据库分发给各个用户，使他们可以使用该数据库。

5. 更改使用的后端数据库

利用链接表管理器，可以移动后端数据库或使用其他后端数据库。

【例 10-4】将为"新教务管理数据库"的后端数据库进行移动，移动后新数据库名为"新教务管理数据库 1_be"。其具体操作步骤如下。

Step 01 在新位置创建后端数据库"新教务管理数据库-副本"。

Step 02 选中一个表链接并右击，在如图 10-10 所示的快捷菜单中选择"链接表管理器"选项，弹出如图 10-11 所示的"链接表管理器"对话框。

图 10-9　"保存并发布"功能组　　　　图 10-10　"数据表"的快捷菜单

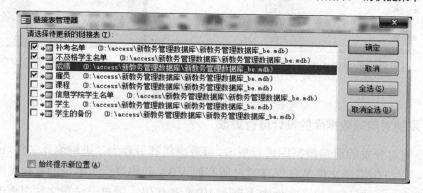

图 10-11　"链接表管理器"对话框

Step 03 在"链接表管理器"中，选择当前的后端数据库中包含的表。若未链接到任何其他数据库，单击"全选"按钮，选中"始终检查新位置"复选框，然后单击"确定"按钮。

Step 04 通过浏览找到新的后端数据库"新教务管理数据库"，更改后端数据库到此完成。整个过程就是重新设置数据对象的快捷方式所指定的新位置。

10.2 压缩与修复数据库

数据库文件在使用过程中可能会迅速增大,有时会影响性能,有时也可能被破坏。在 Microsoft Access 中,可以使用"压缩和修复数据库"命令来防止或修复这些问题。

10.2.1 压缩与修复数据库的原因

(1)随着不断添加、更新数据及更改数据库设计,数据库文件会变得越来越大。导致增大的因素不仅包括新数据,还包括其他一些方面。

(2)Access 会创建临时的隐藏对象来完成各种任务,有时,在不需要这些临时对象后仍将它们保留在数据库中。

(3)删除数据库对象时,系统不会自动回收该对象所占用的磁盘空间。

(4)在某些特定的情况下,数据库文件可能已破坏。如果数据库文件通过网络共享,且多个用户同时直接处理该文件,则该文件发生损坏的风险将较小。如果这些用户频繁编辑"备注"字段中的数据,将在一定程度上增大损坏的风险,并且该风险还会随着时间的推移而增加。

(5)通常情况下,这种损坏是由于 VBA 模块问题导致的,并不存在丢失数据的风险。但是,这种损坏却会导致数据库设计受损,如丢失 VBA 代码或无法使用窗体。

10.2.2 压缩与修复数据库的注意事项

开始执行压缩和修复操作之前,建议先执行备份。因为在修复过程中,可能会截断已损坏表中的某些数据。若出现这种情况,则可以从备份来恢复数据。

另外,除非通过网络与其他用户共享一个数据库文件,否则应将数据库设置为"自动压缩和修复"。

10.2.3 压缩与修复数据库的操作

1. 设置关闭数据库时自动执行压缩和修复

如果要在数据库关闭时自动执行压缩和修复,可以选择"关闭时压缩"数据库的操作。注意,设置此选项只会影响当前打开的数据库。

【例 10-5】设置"新教务系统"每次运行完退出时,自动执行压缩数据库的操作。其具体的操作步骤如下。

Step 01 打开"新教务管理数据库"。

Step 02 在"文件"/"选项"组中,在如图 10-12 所示的"Access 选项"对话框中,单击"当前数据库"选项,在"用于当前数据库程序选项"下,选中"关闭时压缩"复选框。

Step 03 在弹出的"另存为"对话框中，选择新文件要保存的位置，在"文件名"框中为该文件键入一个名称，然后点击"保存"按钮。

图 10-12 "Access 选项"对话框

2．手动压缩和修复数据库

除了使用"关闭时压缩"数据库选项外，用户还可以手动运行"压缩和修复数据库"命令。无论数据库是否已经打开，均可以对其运行该命令。具体的操作是在"文件"/"信息"选项中，单击"压缩和修复数据库"按钮。

如果其他用户当前也在使用该数据库，则无法执行压缩和修复操作。

10.3 数据库打包、签名和分发

使用 Access 可以轻松而快速地对数据库进行签名和分发。在创建.accdb 或.accde 文件后，可以将该文件打包，对该包应用数字签名，然后将签名包分发给其他用户。"打包并签署"工具会将该数据库放置在 Access 部署文件中，对其进行签名，然后将签名包放在确定的位置。随后，其他用户可以从该包中提取数据库，并直接在该数据库中工作，而不是在包文件中工作。

10.3.1　创建数字证书

创建数字证书以直接对文档进行数字签名。如果要直接对文档进行数字签名，可以创建自己的数字证书。

【例 10-5】创建一个数字证书，并命名为"新教务系统安全证书"。其具体的操作步骤如下。

Step 01　在 Windows 操作系统中，单击"开始"/"所有程序"/"Microsoft Office"/"Microsoft Office 2010 工具"/"VBA 工程的数字证书"，弹出如图 10-13 所示的"创建数字证书"对话框。

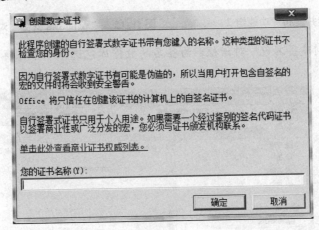

图 10-13　"创建数字证书"对话框

Step 02　在"创建数字证书"对话框中，输入证书的名称"教务管理数据库安全证书"，单击"确定"按钮即可完成操作。

> ▶ 说明
>
> 　　如果使用自己创建的数字证书对文档进行数字签名，然后共享该文档，则其他人只有手动确定信任的自签名证书时才能验证数字签名的真实性。

10.3.2　创建签名包

数字证书可在发布程序时使用，数据库发布时也可以使用。

【例 10-5】为"新教务系统"数据库创建签名包。其具体的操作步骤如下。

Step 01　打开"新教务管理数据库"。

Step 02　执行"文件"/"保存并发布"命令，然后在右侧的"高级"选项组下单击"打包并签署"选项，如图 10-14 所示。

Step 03　在弹出"Windows 安全"对话框中，选择数字证书后单击"确定"按钮，如图 10-15 所示。

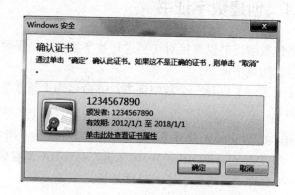

图 10-14 "保存并发布"功能组 2   图 10-15 "Windows 安全"对话框

Step 04 弹出"创建签名包"对话框,为签名的数据库包选择一个保存位置,如图 10-16 所示。

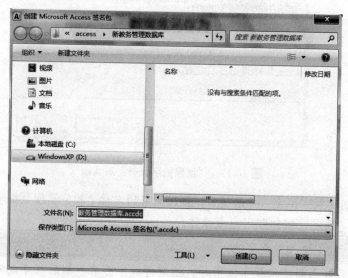

图 10-16 "创建签名包"对话框

Step 05 在"文件名"组合框中为签名包输入名称"教务管理数据库",然后单击"创建"按钮,Access 将创建文件并将其放置在所选择的位置。

10.3.3 提取并使用签名包

【例 10-5】提取并使用签名包"新教务系统.accdc"。其具体的操作步骤如下。

Step 01 启动 Access 2010。

Step 02 执行"文件"/"打开"命令,在如图 10-17 所示的"打开"对话框中,打开"教务系统.accdc"文件。

Step 03 弹出如图 10-18 所示"Microsoft Access 安全声明"对话框,单击"信任来自发布者的所有内容"按钮,将弹出如图 10-19 所示的"将数据库提取到"对话框。

图 10-17　"打开"对话框

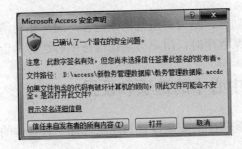

图 10-18　"Microsoft Access 安全声明"对话框

图 10-19　"将数据库提取到"对话框

Step 04 为提取的数据库包选择一个位置，在"文件名"下拉列表框中为提取的数据库输入其他名称，然后单击"确定"即可提取数据库。

10.3.4 打开数据库时启用禁用的内容

默认情况下，如果不信任数据库且没有将数据库放在受信任的位置，Access 将禁用数据库中所有可执行内容。打开数据库时，Access 将禁用该内容，并显示如图 10-20 所示消息栏。如果想要启用数据库所有的内容，单击"启用内容"按钮即可。单击"启用内容"按钮时，将启用所有禁用的内容（包括潜在的恶意代码）。如果恶意代码损害了数据或计算机，Access 无法弥补该损失。

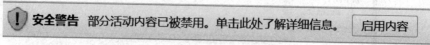

图 10-20 "安全警告"消息栏

10.4 使用信任中心

程序员为用户设计功能，是否对系统构成危害，用户相对清楚一些。所以，当系统对安全性质疑禁止运行某程序时，用户可以在信任中心选择是否禁止运行。

10.4.1 查看信任中心中的选项和设置

在信任中心可以找到程序的安全设置和隐私设置。其具体的操作步骤如下。

Step 01 打开 Access 2010，执行"文件"/"选项"命令，弹出如图 10-21 所示的"Access 选项"对话框。

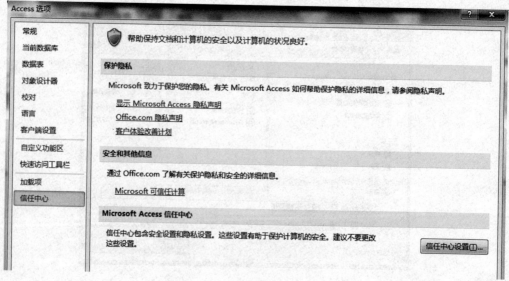

图 10-21 "Access 选项"对话框

Step 02 单击"信任中心"，然后单击"信任中心设置"按钮，弹出如图 10-22 所示的"信任中心"设置对话框。

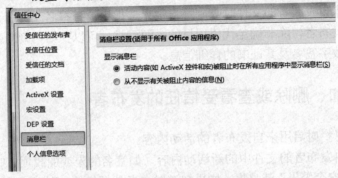

图 10-22 "信任中心设置"对话框

左侧选项列表如下：

➤ **受信任的发布者：** 生成使用者信任的代码项目发布人的列表。

➤ **受信任位置：** 指定计算机上用来放置来自可靠来源的受信任文件的文件夹。对于受信任位置文件夹中的文件，不执行文件验证。

➤ **受信任的文档：** 管理程序与活动内容的交互方式。

➤ **加载项：** 选择加载项是否需要数字签名，或者是否禁用加载项。

➤ **ActiveX 设置：** 管理程序中的 ActiveX 控件的安全提示。

➤ **宏设置：** 启用或禁用程序中的宏。

➤ **消息栏：** 显示或隐藏消息栏。

➤ **文件阻止设置：** 确定是否打开以前版本的程序文件。

➤ **隐私选项：** 作出相应的选择，确定程序中的隐私级别。

需要注意的是，更改信任中心设置时会极大地降低或提高计算机和网络上的数据以及该网络中其他计算机的安全性。在更改信任中心设置前，用户最好向系统管理员咨询，或者谨慎地考虑各种风险。

10.4.2 受信任的发布者

发布者通常是一名创建宏、控件、加载项等代码项目的软件开发人员。在将发布者视为可靠发布者之前，需要了解该发布者的身份及其凭证是否有效。受信任的发布者具有良好的信誉且符合下面的所有条件。

（1）代码项目由开发人员使用数字证书进行签名。

（2）该数字证书有效（一种证书状态，根据证书颁发机构的数据库对证书进行检查后确认是合法的、最新的，没有过期或被吊销。由有效证书签名且签名后没有更改的文档被视为有效文档）。

（3）与该数字签名关联的证书（一种证明身份和真实性的数字方法。证书由证书颁发机构颁发，而且和驾驶执照一样，也可能过期或被吊销。）是有声望的证书颁发机构颁发的。

（4）对代码项目进行签名的开发人员是受信任发布者。

（5）如果尝试运行不完全符合以上条件的代码，则该代码会被禁用，并且会显示消息栏通知发布者可能不安全。

如果打开来自发布者的文件时收到警告消息，指出没有签名或签名无效，则不应启用内容或信任发布者，除非确定代码项目的来源可靠。可以在如何判断数字签名是否可信中了解有关数字签名及其证书的详细信息。

10.4.3 添加、删除或查看受信任的发布者

在出现消息栏时启用来自发布者的活动内容。

当遇到来自发布者的文件中的新活动内容（如签名的宏或加载项）时，会出现如图10-20 所示的"安全警告"消息框。如果知道发布者是可靠的，则可以单击"启用内容"按钮，使活动内容能够运行，并使其成为受信任的文档，但发布者并没有设为受信任。

若要查看发布者的详细信息，可执行"文件"/"信息"命令，在如图 10-23 所示的功能组中单击"启用内容"按钮，选择"高级选项"，通过如图 10-24 所示的"Microsoft Office 安全选项"对话框，可了解发布者的更多信息。

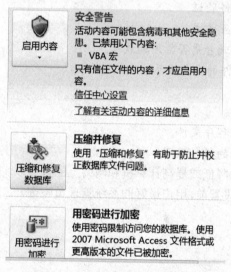

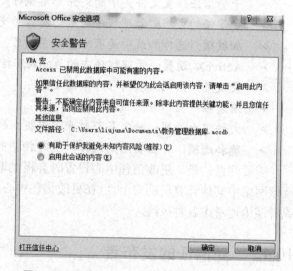

图 10-23 "信息"功能组   图 10-24 "Microsoft Office 安全选项"对话框

1. 在出现安全警告时添加受信任的发布者

【例 10-5】将"教务管理数据库.accdc"包的发布者添加到信任中心的"受信任的发布者"列表中。其具体的操作步骤如下。

Step 01 打开"教务管理数据库.accdc"发布包文件。

Step 02 执行"文件"/"信息"命令，单击"启用内容"按钮，选择"高级选项"，在"Microsoft Office 安全选项"对话框中选中"信任来自此发布者的所有文件"单选按钮，单击"确定"按钮即可。或者通过信任中心添加受信任者，在如图 10-24 所示的"Microsoft Office 安全选项"对话框中单击"打开信任中心"进行添加即可。

若要在出现安全警告时启用一次某个发布者的活动内容，可在如图 10-24 所示的"Microsoft Office 安全选项"对话框中选中"启用此会话的内容"单选按钮。

2．通过信任中心添加受信任的发布者

如果知道来自新发布者的活动内容（宏、控件、数据连接等）是可靠的，则可以将该发布者添加到信任中心的受信任的发布者列表中。

【例 10-5】直接从信任中心添加对颁发者"教务管理数据库安全证书"信任。其具体的操作步骤如下。

Step 01 打开"教务管理数据库.accdc"发布包文件。
Step 02 在"文件" / "选项"组中，单击"信任中心" / "信任中心设置"，在如图 10-22 所示的"信任中心"对话框中，单击"受信任的发布者"下拉列表并选择该发布者的证书，单击"确定"按钮即可。

若打开来自某个发布者的文件时，收到警告消息，指出没有签名或签名无效，则不应启用内容或信任发布者，除非确定代码项目的来源可靠。用户可以在如何判断数字签名是否可信中了解有关数字签名及其证书的详细信息。

3．查看或删除受信任的发布者

【例 10-5】删除受信任者"新教务系统安全证书"信任。其具体的操作步骤如下。

Step 01 打开发布者创建的文件。
Step 02 在"文件" / "选项"组中，单击"信任中心" / "信任中心设置"，在如图 10-22 所示的"信任中心"对话框中，在"受信任的发布者"下拉列表下选择要删除的发布者，单击"删除"按钮，再单击"确定"按钮即可，如图 10-25 所示。

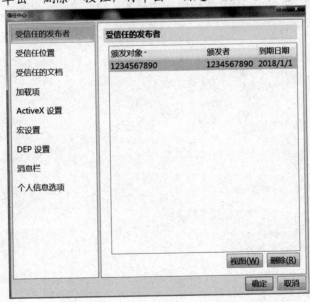

图 10-25　"信任中心"对话框

删除受信任发布者后，打开由此证书发布的数据库将再次受到安全质疑。

参考文献

［1］董萍萍，刘俊娥，周鸿. Access2010 数据库基础及应用［M］. 上海：上海交通大学出版社，2013.

［2］张强，杨玉明. Access 2010 入门与实例教程［M］. 北京：北京电子工业出版社，2011.

［3］王迤冉，彭海云，赵宇. Access 2010 数据库应用教程［M］. 北京：中国水利水电出版社，2019.

［4］程凤娟. ACCESS2010 数据库应用教程［M］. 2 版. 北京：清华大学出版社，2019.

［5］杨杰，万李. Access2010 数据库应用技术［M］. 吉林：吉林大学出版社，2013.

［6］崔雪炜，张彩霞，石蕴伟. Access 数据库应用技术能力教程［M］. 北京：中国铁道出版社，2006.

［7］郝选文. Access 数据库应用技［M］. 北京：科学出版社，2015

［8］张岩，蔡丽艳，肖楠. Access2010 数据库应用案例教程［M］. 北京：科学出版社，2017.

［9］刘侍刚. Access2010 数据库原理及应用［M］. 北京：科学出版社，2019.

［10］刘卫国. Access 2010 数据库应用技术［M］. 2 版. 北京：人民邮电出版社，2018.